KB136950

일상적이지만 절대적인
양자역학지식
50

50 QUANTUM PHYSICS IDEAS YOU REALLY NEED TO KNOW

Copyright ⓒ 2013 Joanne Baker
All rights reserved.

Korean translation copyright ⓒ 2016 by INTERPARK(Banni)
Korean translation rights arranged with Quercus Editions through EYA(Eric Yang Agency)

이 책의 한국어판 저작권은 EYA(Eric Yang Agency)를 통해 Quercus Editions와 독점 계약한
'(주)인터파크(반니)'에 있습니다. 저작권법에 의하여 한국 내에서 보호를 받는
저작물이므로 무단전재와 복제를 금합니다.

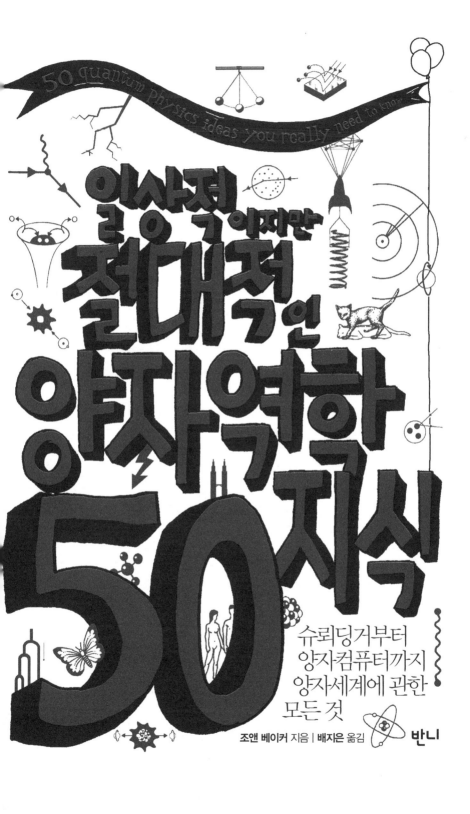

일상적 이지만 절대적인 양자역학 50 지식

50 quantum physics ideas you really need to know

수뢰딩거부터
양자컴퓨터까지
양자세계에 관한
모든 것

조앤 베이커 지음 | 배지은 옮김

반니

차례

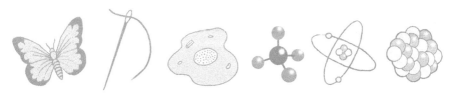

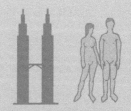

슈뢰딩거부터 양자컴퓨터까지 매혹적이고 놀라운 양자의 세계

양자물리학은 특이한 현상이 많은 만큼 숱한 우여곡절을 겪으며 발전해왔다. 지난 한 세기 동안 원자의 내부 구조와 힘의 본질 같은 문제를 해결하기 위해 알베르트 아인슈타인부터 리처드 파인먼까지 수많은 쟁쟁한 인물들이 고민에 고민을 거듭했다. 그 과정에서 엉뚱한 상상들도 많이 등장했다.

양자 세계는 아주 작은 규모의 물리 법칙에 따라 움직인다. 그러나 원자보다 작은 규모에서 일어나는 일은 앞뒤가 맞지 않아 당혹스러울 때가 많다. 기본 입자들은 걸핏하면 나타났다 사라지기를 반복하고, 잘 알고 있다고 생각했던 물질이 더 이상 이해할 수 없는 존재가 되기도 한다. 예를 들어 빛은 어느 날은 파동처럼 굴다가 다음날엔 연속 사격되는 총알의 흐름처럼 행동한다.

양자 우주는 알면 알수록 더 기이하다. 입자 사이에 정보가 '얽혀' 있을 수 있다는 사실은 모든 것이 눈에 보이지 않는 끈으로 연결되어 있을 가능성을 제기한다. 양자 메시지는 순간적인 전송과 수신이 가능해, 그 어떤 신호도 빛의 속도보다 빨리 전파될 수 없다는 금기를 깨뜨린다.

양자물리학은 직관적으로 파악할 수 없다. 원자보다 작은 세계는 우리에게 익숙한 고전 세계와는 전혀 다르게 작용한다. 이를 이해하는 가장 좋은 방법은 양자역학이 발전해온 순서에 따라 이 분야의 선구자들이 해결하기 위해 붙들고 씨름했던 문제들을 똑같이 해결하려 노력하는 것이다.

책의 앞부분에서는 20세기 초 양자역학이 어떻게 시작되었는지를 요약 정리한다. 당시의 물리학자들은 원자의 속을 들여다보며 빛의 성질을 이해하기 시작했다. 막스 플랑크는 에너지가 연속체가 아닌 작은 묶음의 형태로 움직인다고 주장하며 '양자quanta' 개념을 도입했다. 이 아이디어가 원자 구조에 적용되면서 전자가 껍질의 형태로 작은 핵 주위를 회전한다는 새로운 모델이 등장했다.

이러한 연구를 기반으로 양자역학이 성장할 수 있었으며, 동시에 패러독스들도 함께 자랐다. 입자물리학의 발전에 박차가 가해지면서, 이를 설명하기 위해 양자장이론과 표준모형이 도입되었다. 이 책의 후반부에서는 양자우주론과 실체reality 개념을 간단히 소개하고, 양자점, 양자컴퓨터와 같은 최신 기술의 주요 내용을 조명한다.

50 quantum physics ideas
you really need to know

빛

01 에너지 보존 Energy conservation

에너지가 형태를 변화시키는 원인이라는 생각은 고대 그리스부터 익숙한 것이었다. 그리스어로 '에네르게이아energeia'는 '활동'이라는 뜻이다. 에너지는 물체에 가하는 힘과 힘에 의해 물체가 이동한 거리에 비례한다는 사실을 우리는 알고 있다. 그러나 과학자들에게 에너지는 여전히 파악하기 어려운 개념이다. 양자역학의 기원은 에너지의 본질을 연구하는 데에서 시작되었다.

슈퍼마켓에서 카트를 밀면 움직이는 까닭은 카트에 에너지가 전달되기 때문이다. 카트를 미는 에너지는 우리 몸에서 화학물질을 연소시켜 얻은 동력이 근육의 힘으로 변환되어 전달된 것이다. 공을 던질 때도 마찬가지로 우리 몸의 화학에너지가 움직임으로 변환한다. 태양열은 핵융합으로 만들어지는데, 원자핵이 한데 뭉쳐 결합하는 과정에서 에너지가 방출된다.

에너지의 형태는 빠르게 날아가는 총알에서부터 내리치는 번개까지 실로 다양하다. 그러나 그 에너지의 근원은 언제나 또 다른 형태로부터 기인한 것이다. 화약이 폭발하면 총소리를 낸다. 구름 속 분자의 운동이 정전기를 일으키면 거대한 불꽃이 인다. 이처럼 에너지가 하나의 형태에서 다른 형태로 바뀔 때면 물질의 위치가 바뀌거나 상태가 변한다.

에너지는 단순히 형태만 바뀔 뿐 절대로 새로 만들어지거나 파괴되지 않는다. 에너지는 보존된다. 우주 또는 그 밖의 완전히 고립된 계

system 안에서 에너지의 전체 합은 항상 동일하게 남아 있다.

에너지 보존

고대 그리스의 철학자인 아리스토텔레스는 인류 최초로 에너지가 보존되는 것 같다는 의심을 품었지만, 이를 증명하지는 못했다. 초기 과학자들이(당시에는 자연철학자라고 불렸다) 에너지의 여러 형태를 개별적으로 이해하고 이들을 서로 연결시키기까지 수 세기가 걸렸다.

17세기 초에 갈릴레오 갈릴레이는 진자 운동을 관찰했다. 그는 진자가 움직이면서 가운데 지점을 통과할 때의 속도와 양 끝점의 높이 사이에 어떤 균형이 존재한다는 사실을 깨달았다. 추를 놓는 지점이 높을수록 가운데 지점을 지나는 추의 속도가 더 빨라졌고, 반대편 끝으로 올라오는 높이가 처음 높이와 거의 비슷했던 것이다. 에너지는 완전한 한 주기 동안 '중력 위치에너지'(지면으로부터의 높이)에서 '운동에너지'(추의 속도)의 형태로 계속 바뀌었다.

17세기의 수학자 고트프리트 라이프니츠는 에너지를 vis viva, 즉 '활력'이라고 불렀다. 박식한 물리학자였던 토머스 영은 우리가 현재 사용하는 개념의 '에너지'라는 용어를 19세기 초에 소개했다. 그러나 에너지가 정확히 무엇인지는 오늘날까지도 명확하게 규정하기 어렵다.

에너지는 행성에서부터 우주 전체에 이르는 거대한 규모에서도 작용하지만, 본질적으로는 매우 작은 규모에서 일어나는 현상이다. 화학에너지는 화학반응이 일어날 때 원자와 분자의 구조가 재배열되면서 발생한다. 빛을 포함한 여러 형태의 전자기에너지는 파동의 형태로 전파되어 원자와 상호작용을 한다. 열은 분자의 진동으로 생겨난다. 압축된 철 스프링 안에는 탄성에너지가 갇혀 있다.

에너지는 물질의 성질 자체와 밀접한 관련이 있다. 1905년 알베르트 아인슈타인은 질량과 에너지가 동일하다는 사실을 밝혔다. 그의 유명한 방정식 $E=mc^2$은 질량(m)이 파괴될 때 방출되는 에너지(E)가 질량 곱하기 빛의 속도(c)의 제곱이라는 사실을 보여준다. 빛은 진공에서 1초에 3억(3×10^8) 미터를 이동할 만큼 빠르기 때문에, 원자를 몇 개만 으깨더라도 어마어마한 양의 에너지가 방출된다. 태양과 원자력발전소는 이러한 방식으로 에너지를 방출한다.

기타 법칙

에너지와 관련된 물리량들 역시 보존된다. 그중 하나가 운동량이다. 선운동량linear momentum은 질량에 속도를 곱한 물리량인데, 움직이는 물체의 속도를 늦출 때 힘이 드는 정도를 나타내는 척도다. 슈퍼마켓의 카트를 생각해보면, 무거운 카트는 텅 빈 카트보다 운동량이 더 크고 따라서 멈추기가 더 어렵다. 운동량은 크기와 방향성을 동시에 가지고 있으며, 이 두 양은 함께 보존된다. 이러한 사실은 당구에서 확인할 수 있다. 멈춰 있는 공을 움직이는 공이 굴러가 맞춘 후 두 공의 속도와 방향을 더하면 결국 처음 움직였던 공의 속도와 방향이 된다.

회전하는 물체에서도 운동량이 보존된다. 한 점을 중심으로 회전하는 물체의 경우, 각운동량angular momentum(회전운동량)은 물체의 선운동량과 회전 중심점으로부터의 거리를 곱한 값으로 정의된다. 스케이트 선수가 빙판 위에서 회전하는 모습을 보면 각운동량이 보존됨을 알 수 있다. 선수가 팔과 다리를 뻗으면 천천히 회전하고, 팔다리를 몸에 밀착시키면 회전 속도가 빨라진다.

또 다른 법칙으로 열은 항상 뜨거운 물체에서 차가운 물체로 퍼진다는 법칙이 있다. 이것을 열역학 제2법칙이라고 한다. 열은 원자가 진동하는 정도이며, 따라서 원자는 차가운 쪽보다는 뜨거운 물체에서 더 많이, 무질서하게 움직인다. 물리학자들은 무질서의 양, 또는 무질서도를 '엔트로피entropy'라고 부른다. 열역학 제2법칙에 따르면 외부의 영향이 없는 닫힌계에서는 엔트로피가 언제나 증가한다.

그렇다면 냉장고는 어떻게 내부를 차갑게 만드는 걸까? 그 해답은 냉장고가 부산물로 열을 만들어낸다는 데 있다. 냉장고 뒷면 가까이 손을 대면 뜨겁게 느껴질 것이다. 냉장고는 추출하는 냉기보다 생산되는 열이 더 많기 때문에 열역학 제2법칙을 위반하는 것이 아니며, 제2법칙에 따라 엔트로피를 증가시킨다. 냉장고와 주위의 공기 분자를 모두 아울러 고려하면 전체 엔트로피는 증가한다.

수많은 발명가와 물리학자들은 열역학 제2법칙을 깰 방법을 찾아내기 위해 고심했으나 아무도 성공하지 못했다. 스스로 내용물을 비우고 채우는 컵부터 바퀴살을 따라 추를 떨어뜨리며 자체 동력으로 회전하는 바퀴까지, 참으로 다양한 아이디어들이 영구기관의 후보로 물망에 올랐다. 그러나 이러한 구조물의 운동을 자세히 들여다보면 에너지는 열의 형태로든 소리의 형태로든 새어나가고 있다.

1860년대에 스코틀랜드의 물리학자 제임스 클러크 맥스웰은 외부 동력원 없이 작동하는 형태의 기관은 아니지만, 엔트로피의 증가 없이 열을 발생시키는 사고실험을 고안했다. 사고실험의 내용은 다음과 같다. 같은 온도의 기체가 담긴 상자 2개를 나란히 붙여놓고 상자 사이에 작은 구멍을 뚫어 연결시킨다. 한쪽 상자가 데워지면 상자 안의 입자들은 더 빠르게 움직인다. 그러다 보면 입자 중 일부는 자연히 작은 구멍을 통해 옆 상자로 이동하게 되고 두 상자의 온도는 서서히 같아진다.

그러나 맥스웰은 어떤 메커니즘이 있다면 이 반대 상황도 가능할 것이라 상상했다. 그가 상상한 방법은 작은 악마 또는 도깨비 같은 존재가 분자를 선별하는 것이었다(이 도깨비를 '맥스웰의 도깨비'라고 부른다). 이런 메커니즘을 구현할 수만 있다면 차가운 쪽 상자로 넘어간 빠른 분자(즉 뜨거운 분자)를 뜨거운 상자로 골라 보낼 수 있고, 이에 따라 열역학 제2법칙을 깰 수 있다. 그러나 이런 방법은 지금까지 발견되지 않았으며, 따라서 열역학 제2법칙이 승리를 거둔 셈이다.

원자 구조에 대한 지식이 축적되고, 이와 더불어 에너지의 이동과 공유에 관한 아이디어와 법칙들이 등장하면서 20세기 초 양자물리학이 탄생하게 되었다.

BC 600 탈레스, 물질의 형태가 바뀐다는 사실을 깨달음.
1638 갈릴레이, 진자 운동의 에너지 교환을 주목.
1676 라이프니츠, 에너지를 '활력vis viva'이라고 명명.
1807 영, '에너지'라고 명명.
1850 루돌프 클라우지우스, 열역학 제2법칙을 정의.
1867 맥스웰, '맥스웰의 도깨비' 가설을 세움.
1901 플랑크, 에너지의 '양자' 개념을 설명.
1905 아인슈타인, 질량과 에너지가 등가임을 밝힘.

02플랑크의 법칙Planck's law

추운 겨울날, 벽난로에서 아늑하게 타오르는 불꽃을 상상해보자. 빨갛게 달아오른 석탄과 노란 불꽃. 그런데 석탄은 왜 빨갛게 달아오를까? 난롯불에 달궈진 쇠부지깽이의 끝부분도 왜 뜨거워지면서 빨간색이 되는 것일까?

불타는 석탄의 온도는 섭씨 수백 도에 이른다. 화산의 용암은 더 뜨거워서 약 1,000℃까지 올라간다. 녹은 용암은 주황색이나 노란색을 띠며 보다 격렬히 빛나고, 같은 온도의 녹은 쇳물도 마찬가지다. 백열전구의 텅스텐 필라멘트는 그보다 더 뜨겁다. 온도가 섭씨 수천 도에 이르면 별의 표면 온도와 비슷해지는데 이때는 흰색을 띤다.

흑체복사

물체는 가열되면 빛을 내뿜고, 뜨거워질수록 방출되는 빛의 진동수는 계속 높아진다. 특히 석탄이나 철처럼 열을 흡수하고 방출하는 효율이 매우 좋은 검은색 물체들은 특정 온도에서 복사되는 진동수의 패

색온도
별의 색깔은 별의 온도를 나타낸다. 태양의 색온도는 6,000K(켈빈)으로 노란색을 띠며, 적색거성인 오리온자리의 베텔게우스는 이보다 차가워서 태양 온도의 절반 정도이다. 하늘에서 제일 밝은 별인 시리우스의 타오르는 표면은 청백색으로 빛나며, 색온도는 30,000K에 달한다.

턴이 상당히 비슷하다. 이를 '흑체복사'라고 한다.

대부분의 빛 에너지는 하나의 최고 진동수를 중심으로 복사되며, 온도가 높아질수록 최고 진동수는 빨간색에서 파란색 쪽으로 옮겨간다. 최고 진동수를 중심으로 높은 진동수와 낮은 진동수의 에너지가 모두 방출되며, 최고점을 향해 진동수를 낮추다 보면 에너지의 세기가 점점 커지다가 최고점을 넘어서면서 급격히 감소한다. 그 결과 비대칭 언덕 모양의 스펙트럼이 형성되는데, 이를 '흑체복사 곡선'이라고 한다.

달궈진 석탄에서 나오는 빛은 대부분 주황색 대역에 속해 있지만, 낮은 진동수의 빨간 빛과 높은 진동수의 노란 빛도 일부 방출한다. 그러나 파란색 빛은 거의 방출하지 않는다. 이보다 더 뜨거운 녹은 쇳물은 진동수 패턴이 조금 위쪽으로 치우쳐 있어 대부분 노란 빛을 방출하며, 주황색과 빨간색 그리고 초록색 빛을 일부 방출한다.

자외선 파탄

19세기 후반, 물리학자들은 흑체복사에 관해 알게 되었고 파장 패턴을 측정했다. 그러나 그 내용은 설명할 수 없었다. 여러 가지 이론들로 흑체복사의 일부는 설명할 수 있었지만 전부를 설명할 이론은 찾지 못했다. 빌헬름 빈이 고안한 방정식에서는 파란색 파장에서 에너지의 방출이 급격히 줄어든다. 한편 레일리와 제임스 진스는 빨간색 스펙트럼에서의 증가를 설명했다. 그러나 이 둘을 함께 설명할 공식은 찾을 수 없었다.

더구나 레일리와 진스의 설명에 등장하는 스펙트럼의 증가는 더 심각한 문제가 있었다. 이들의 이론에서는 증가율이 줄어들 방법이 없어 자외선의 짧은 파장 대역에서 에너지가 무한대로 방출된다. 이 문제를 '자외선 파탄Ultraviolet catastrophe'이라고 부른다.

이에 대한 해답은 독일의 물리학자인 막스 플랑크가 내놓았다. 그는 당시 열과 빛의 물리학을 통합하려고 시도 중이었다. 플랑크는 수학적인 사고를 즐겼고, 사전지식 없이 기본 법칙에서부터 시작해 물리학 문제들을 해결하길 좋아했다. 당시 물리학의 기본 법칙, 그중에서도 열역학 제2법칙과 맥스웰의 방정식에 매료되었던 플랑크는 이 둘의 연관성을 입증하는 문제에 도전했다.

양자

플랑크는 자신의 방정식을 능숙하게 다루었고 이 단계들이 현실에서 어떤 의미를 갖는지는 전혀 신경 쓰지 않았다. 간단한 수학적 표현을 위해 그는 기발한 트릭을 개발했다. 그가 해결해야 할 문제 중 하나

막스 플랑크(1858~1947)

독일 뮌헨에서 학창시절을 보낸 플랑크는 원래 음악도가 되고 싶었다. 어느 음악가에게 음악을 공부하려면 어디로 가야 하느냐고 묻자, 그는 플랑크에게 그런 질문을 하려면 차라리 다른 걸 하는 게 낫겠다고 답했다. 플랑크는 물리학으로 방향을 틀었지만, 지도교수는 물리학은 이미 완성된 학문이라 더 이상 배울 것이 없을 거라며 투덜거렸다. 다행히 플랑크는 교수의 말을 무시하고 양자 개념을 개발하는 데 힘썼다. 플랑크는 세계대전 중 아내와 두 아들을 잃은 슬픔을 극복하고 독일에 남았고, 전쟁이 끝난 후 독일의 물리학 연구를 복구할 수 있었다. 오늘날 독일의 권위 있는 연구소인 막스 플랑크 연구소는 그의 업적을 기려 명명한 것이다.

는 전자기가 파동의 형태로 서술된다는 것이었다. 반면 온도는 열에너지가 수많은 원자나 분자 사이에서 분배되는 통계적 현상으로 다루어졌다. 그래서 플랑크는 전자기를 열역학과 같은 방식으로 다루기로 했다. 다만 열에너지를 전달하는 원자 대신 전자기장은 작은 진동자oscillator에 의해 전달된다고 가정했다. 각각의 진동자는 전자기에너지 중 일정량을 취할 수 있고, 이 에너지는 수많은 기본 진동자들 간에 분배된다.

플랑크는 진동자 각각의 에너지를 진동수와 결합시켰다. 즉 $E=h\nu$라는 방정식을 세운 것이다. 여기에서 E는 에너지, ν는 빛의 진동수, h는 플랑크 상수라고 알려진 상수이다. 이러한 단위의 에너지를 '양자quanta'라고 불렀는데, 그 뜻은 라틴어로 '양量'이라는 의미다.

플랑크의 방정식에서, 복사되는 진동수가 높으면 그에 따라 에너지도 커진다. 전체 에너지의 총량은 상한이 있으므로, 계에는 에너지가 큰 양자가 많이 존재할 수 없다. 이것은 지갑 속 사정과 조금 비슷하다. 만일 지갑에 99달러가 들어 있다면 액수가 큰 지폐보다는 작은 지폐들이 더 많을 가능성이 크다. 이를테면 1달러짜리가 9장, 10달러짜리가 너덧 장 있을 수 있겠지만 50달러 지폐는 운이 좋아야 딱 한 장뿐이다. 이와 비슷하게 에너지가 큰 양자는 드물다.

플랑크는 전자기 양자의 집합에 대하여 가장 그럴싸한 에너지 대역을 생각해냈다. 평균적으로 볼 때 에너지의 대부분은 중간에 놓인다. 이로써 봉우리 모양의 흑체 스펙트럼이 설명된다. 플랑크가 1901년에 발표한 플랑크 법칙은 말도 많고 탈도 많았던 '자외선 파탄' 문제를 말끔히 해결함으로써 엄청난 찬사를 받았다.

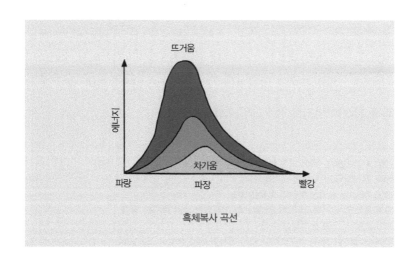

흑체복사 곡선

플랑크의 양자 개념은 전적으로 이론에 국한된 것이었다. 진동자는 실제로 꼭 존재할 필요는 없었으나 파동과 열의 물리학에 잘 들어맞는 유용한 수학적 구조물이었다. 그러나 20세기 초에 접어들어 빛과 원자 세상에 대한 이해가 급속도로 발전하면서, 플랑크의 아이디어는 그가 상상했던 이상의 영향력을 발휘하게 된다. 그의 아이디어는 양자이론의 뿌리가 되었다.

우주에 새겨진 플랑크의 유산

가장 정확하다고 알려진 흑체복사 스펙트럼은 우주에서 온다. 정확히 2.73K의 온도를 지닌 희미한 마이크로파가 하늘의 모든 방향으로부터 발산되고 있다. 그 근원은 빅뱅 후 수십만 년 무렵 최초로 수소 원자가 형성되던 초기 우주 때이다. 그 시기의 열에너지는 우주가 팽창하면서 현재까지 냉각되고 있으며, 흑체 법칙에 따라 중심 주파수는 현재 마이크로파 대역까지 내려와 있다. 이 우주 마이크로파 배경 복사cosmic microwave background radiation는 1960년대에 처음으로 감지 되었으나 자세한 내용은 1990년대 나사의 COBE(COsmic Background Explorer) 위성에 의해 밝혀졌다. 최근 유럽의 마이크로파 배경 복사 관측 위성의 명칭은 플랑크의 이름에서 따왔다.

1860 키르히호프, '흑체'라는 용어를 사용.
1896 빈, 고주파방사선의 법칙을 제시.
1900 레일리, 자외선 파탄의 법칙을 발표.
1901 플랑크, 흑체복사의 법칙을 발표하고 자외선 파탄 문제를 해결.
1918 플랑크, 노벨 물리학상 수상.
1994 COBE 팀, 우주 마이크로파 배경 복사의 흑체 스펙트럼을 발표.

03 전자기 | Electromagnetism

우리는 빛을 당연하게 여기지만 빛에 대해 이해하지 못하는 부분도 무수히 많다. 그림자와 반사의 경우, 빛은 불투명한 물체를 통과하지 못하고 반짝거리는 물질에 부딪히면 튕겨 나온다. 그리고 빛이 유리나 빗방울을 통과할 때 무지개색 스펙트럼으로 흩어지는 것도 흔히 보아 알고 있다. 하지만 진짜로 빛은 무엇일까?

수많은 과학자들이 이 문제의 답을 찾으려 노력했다. 아이작 뉴턴은 17세기에 무지개의 색깔들, 즉 빨주노초파남보가 빛의 기본 색상이라고 밝혔다. 그는 이 색들의 일부를 섞어 시안cyan 같은 중간 색상을 만들었고 색을 모두 섞어 백색광도 만들어냈지만, 자신이 가진 장비로는 더 이상 스펙트럼을 쪼갤 수 없었다. 뉴턴은 렌즈와 프리즘으로 실험을 하면서 빛이 물결처럼 장애물을 만나면 휘어지고 서로 겹쳐지면 보강되거나 소멸한다는 사실을 발견했다. 따라서 그는 빛도 물처럼 작은 입자, 즉 미립자corpuscle로 이루어져 있다고 생각했다.

오늘날 우리는 꼭 그렇지만은 않다는 사실을 알고 있다. 빛은 진동하는 전기장과 자기장이 결합된 전자기파다. 하지만 아직 할 이야기가 더 있다. 1900년대 초 아인슈타인은 빛이 입자의 흐름처럼 행동할 때가 있다는 사실을 밝혔다. 이 입자는 광자photon 또는 빛알이라고 불리며, 에너지를 전달하지만 질량은 없다. 빛의 본질은 여전히 수수께끼로 남아 있으며, 상대성이론과 양자이론이 발달하는 데 핵심적인 역할을 해왔다.

스펙트럼

빛의 색깔들은 서로 파장이 다르다. 파장이란 인접한 파동 마루와 마루 사이의 거리를 말한다. 파란색 빛은 빨간색 빛보다 파장이 짧고, 초록색은 파랑과 빨강 사이에 위치한다. 진동수는 고정된 위치에서 1초 동안 흘러가는 파동 주기의 개수를 센 것이다. 흰색 빛줄기가 프리즘을 만나면 유리 매질을 통과하면서 빛줄기가 꺾이는데 색깔별로 꺾이는 각도가 다르다(이를 굴절이라고 한다). 빨간색이 가장 조금, 파란색이 가장 많이 꺾인다. 그 결과 빛줄기는 무지개처럼 퍼진다.

하지만 이것이 색깔의 전부가 아니다. 가시광선은 전자기 스펙트럼 중 일부에 불과하며, 파장이 수 킬로미터에 이르는 라디오 주파수부터

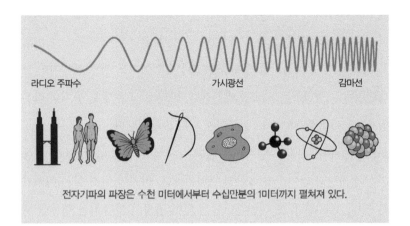

파장이 원자의 크기보다도 짧은 감마선까지 펼쳐져 있다. 가시광선의 파장은 수십만분의 1미터 정도로, 분자 몇 개를 뭉쳐놓은 정도의 크기다. 빨간색 밖의 파장은 적외선이라고 하고, 파장이 밀리미터에서 센티미터 정도인 전자기파를 마이크로파라고 한다. 보라색 바깥에 놓인 단파장 빛으로는 자외선, X선, 감마선이 있다.

맥스웰의 방정식

전자기파는 전기와 자기가 결합된 것이다. 19세기 초 마이클 패러데이와 다른 실험물리학자들은 전기장이 자기장으로, 또는 자기장이 전기장으로 바뀔 수 있다는 사실을 발견했다. 도선 근처에서 자석을 움직이면 자기장이 도선 안의 전하에 작용하면서 전기가 흐른다. 코일 형태의 도선에서 흐르는 전류의 변화는 자기장을 만들고 이 자기장이 또 다른 코일에 전류를 유도할 수 있다. 이러한 원리는 전기 변압기의 기본 원리로, 전류와 전압을 가정용 전원으로 조정할 때 응용된다.

스코틀랜드의 물리학자 맥스웰이 이 모든 현상들을 단 4개의 방정식으로 요약하면서 거대한 돌파구가 열렸다. 이 방정식은 '맥스웰의 방정식'이라고 불린다. 맥스웰은 전기와 자기가 하나의 현상, 즉 전자기파로부터 발생하는 원리를 설명했다. 전자기파는 사인파sine wave 형태로 변하는 전기장과 자기장이 서로 직각으로 맞물린 파동이다.

맥스웰의 첫 번째 방정식은 '가우스의 법칙'이라고도 한다. 이는 19세기의 물리학자 카를 프리드리히 가우스의 이름을 딴 것이다. 가우스의 법칙은 대전된 물체 주위에 펼쳐지는 전기장의 세기가 중력처럼 거리의 제곱에 반비례한다는 내용이다. 따라서 거리가 2배 멀어지면 전기장의 세기는 4분의 1로 감소한다.

두 번째 방정식은 자기장에 대해서 똑같은 내용을 적용한다. 자기장(그리고 전기장)은 흔히 장의 세기가 같은 점을 이은 등고선, 또는 힘의 접선으로 표현된다. 두 번째 법칙에서는 자석의 주위에서 자기장의 선들이 언제나 닫힌곡선을 그리며, N극에서 출발하여 S극 방향으로 이동한다고 설명한다. 다른 말로 하면, 자기장의 선들은 모두 어디선가 시작되어 어딘가에서 끝이 나고, 모든 자석은 N극과 S극이 있어야 한다는 뜻이다. 자기 홀극magnetic monopole 같은 것은 존재하지 않는다. 막대자석을 반으로 자르면 쪼개진 조각에서 N극과 S극이 다시 생성된다. 두 극은 자석을 몇 번 쪼개든 상관없이 항상 유지된다.

맥스웰의 방정식 중 세 번째와 네 번째에서는 전자기 유도를 설명한다. 전류가 흐르는 코일 도선과 자석을 움직임으로써 전기력과 자기력이 발생하고 서로 교환되는 관계를 밝힌 것이다. 세 번째 방정식은 변화하는 전류가 자기장을 유도하는 과정을 설명하며, 네 번째는 변화하

제임스 클러크 맥스웰 (1831~1879)

스코틀랜드 에든버러에서 태어나 어린 시절을 보낸 맥스웰은 그곳의 대자연에 매료되었다. 학창시절 그는 학업에 너무 몰두한 나머지 '얼간이'라는 별명을 얻을 정도였다. 에든버러 대학교와 이후 케임브리지 대학교에서 공부할 때도 총명하지만 어딘가 좀 산만한 학생이라는 평을 들었다.

학교를 졸업한 후 맥스웰은 전기와 자기에 대한 패러데이의 초기 연구를 이어받아 이를 4개의 방정식 안에서 결합시켰다. 1862년에는 전자기파가 빛의 속도로 전파함을 밝혔고, 그로부터 11년 후 전자기파의 4개의 방정식을 발표했다.

는 자기장이 전류를 만드는 원리를 설명한다. 맥스웰은 또한 빛의 파동과 모든 전자기파가 진공 상태에서 동일하게 초당 3억 미터를 이동한다는 사실을 밝혀냈다.

수많은 현상을 방정식 몇 개로 우아하게 압축한 것은 실로 대단한 업적이었다. 아인슈타인은 맥스웰의 성취를 중력을 설명한 뉴턴의 업적과 동등하게 여겼고, 맥스웰의 아이디어를 자신의 상대성이론에 적용했다. 아인슈타인은 한 발 더 나아가 자기장과 전기장이 동일한 것이며 상황에 따라 다르게 보이는 것이라고 설명했다. 누군가 하나의 기준계에서 전기장을 보고 있는 경우, 이를 이 기준계에 대하여 상대적으로 움직이고 있는 다른 기준계에서 본다면 자기장으로 보게 된다는 것이다. 그러나 아인슈타인은 여기에서 멈추지 않았다. 그는 빛이 항상 파동이 아니라는 사실도 밝혔다. 빛은 때로는 입자처럼 행동할 수도 있다.

1600 윌리엄 길버트, 전기와 자기를 연구.
1672 뉴턴, 무지개를 설명.
1752 프랭클린, 번개 실험을 진행.
1820 한스 외르스테드, 전기와 자기를 결합.
1831 패러데이, 전자기 유도 발견.
1873 맥스웰, 4개의 방정식 발표.
1905 아인슈타인, 특수상대성이론 발표.

04영의 간섭무늬 Young's fringes

1801년 물리학자 토머스 영은 카드에 아주 가늘게 2개의 틈(슬릿slit)을 내고 햇빛을 통과시켜보았다. 빛은 실틈을 통과하면서 다채로운 색깔로 펼쳐졌다. 그러나 무지개가 하나 나타난 것이 아니었고, 2개가 나타난 것도 아니었다. 놀랍게도, 스크린 위에는 무지개색의 줄무늬가 나타났다. 이 줄무늬는 오늘날 '영의 간섭무늬'라고 알려져 있다.

무슨 일이 일어났던 것일까? 영은 실틈 중 하나를 닫았다. 그러자 넓은 무지개가 하나 나타났는데, 백색광을 프리즘에 통과시킬 때 볼 수 있는 그런 무지개였다. 무지개를 중심으로 몇 개의 희미한 얼룩이 양쪽으로 번져 있었다. 그가 닫았던 틈을 다시 열자, 무지개 패턴이 무너지면서 처음과 같은 선명한 줄무늬가 나타났다.

영은 빛이 물결처럼 움직인다는 사실을 깨달았다. 그는 이전에 물이 가득 차 있는 유리 수조를 이용해 파동이 장애물 주위를 어떻게 통과하는지 또 가는 틈새를 어떻게 통과하는지를 연구한 적이 있었다. 일

토머스 영 (1773~1829)

영국 서머싯의 퀘이커교도 가정에서 태어난 영은 10남매 중 장남이었다. 학창시절 그는 언어에 탁월한 재능을 보여 페르시아어, 터키어, 그리스어, 라틴어에 이르기까지 무려 10여 가지 언어를 구사할 수 있었다. 영은 런던과 에든버러에서 의학을 공부했고 이후 1796년 독일 괴팅겐에서 물리학으로 박사학위를 받았다. 다시 영국으로 돌아온 영은 막대한 유산을 물려받아 부유하게 지낼 수 있었다. 그는 개업의로 일하면서 과학 실험을 했고 이집트학에 흥미를 보이기도 했다. 로제타스톤에 새겨진 상형문자의 번역을 도왔던 영은 '에너지'라는 용어를 만들어냈고 빛의 파동설을 발표했다.

련의 파동이 열린 틈을 향해 진행하면(항구에 있는 방조제 입구 같은 것을 떠올려보자), 파동 중 일부는 똑바로 직진한다. 그러나 벽의 가장자리를 스치는 파동은 방향이 바뀌어(즉 굴절되어) 활 모양으로 휘고, 파동의 에너지는 틈새를 통과하면서 열린 틈의 양쪽으로 퍼진다. 이러한 현상은 단일 슬릿 패턴으로 설명할 수 있었다. 그렇다면 이중 슬릿의 줄무늬는 어떻게 설명할 수 있을까?

호수에 조약돌을 던지면 동그란 물결이 계속 퍼져나간다. 처음 조약돌이 떨어진 근처에 두 번째 돌을 던지면, 동그란 물결 두 세트가 서로 겹치게 된다. 마루와 마루 또는 골과 골이 만나면, 파동은 합쳐지면서 진폭이 더 커진다. 마루와 골이 만나면 두 파동은 서로 상쇄된다. 그 결과 봉우리와 골짜기가 복잡한 패턴을 형성하면서 평평한 수면 위로 바퀴살 무늬를 만든다.

이러한 효과를 간섭이라고 한다. 겹쳐진 파동의 세기가 커질 때 이를 '보강 간섭'이라고 하고, 세기가 줄어들 때는 '소멸 간섭'이라고 한다. 임의의 지점에서의 파동의 진폭은 간섭하는 두 파동의 '위상'의 차, 즉 각각의 봉우리 사이의 상대적 거리에 따라 좌우된다. 모든 파동에서 이와 같은 현상이 일어나며, 빛도 여기에 해당된다.

영은 이중 슬릿을 이용하여 2개의 빛의 열께이 서로 간섭하게 만든 것이다. 두 빛의 상대적인 위상은 두 빛이 카드의 슬릿을 통과한 후 뒷면에서부터 스크린까지의 경로 차에 의해 결정되었다. 파동이 서로 결합하면서 보강된 곳에서는 밝은 줄무늬가 나타났고, 상쇄된 곳에서는 검게 나타났다.

하위헌스의 원리

17세기 네덜란드의 물리학자인 크리스티안 하위헌스는 파동의 진행을 예측하는 실용적인 경험 법칙인 '하위헌스의 원리'를 고안했다. 동그란 물결을 잠시 얼렸다고 가정해보자. 원형 물결의 점들은 각각 새로운 원형 파동의 출발점이 되고, 새로운 파동의 점들은 또 다른 새로운 파동의 출발점들이 된다. 이 과정을 계속해서 반복하면 파동의 진행 방향을 따라갈 수 있다.

파동을 추적하기 위해서는 연필, 종이, 컴퍼스만 있으면 된다. 맨 먼저 첫 번째 파동의 앞면을 그리고, 컴퍼스를 이용해서 이후의 원들을 따라 그린다. 파동의 다음 파면은 원들의 바깥쪽 가장자리를 부드러운 선으로 이어 그리면 완성된다. 이 과정을 계속 반복한다.

이 간단한 기술을 적용하면 가는 틈새를 통과하는 파동과 경로 상에 놓인 장애물 주위를 진행하는 파동의 궤적을 따라갈 수 있다. 19세기 초 프랑스 물리학자인 오귀스탱 장 프레넬은 파동이 장애물을 만날 때

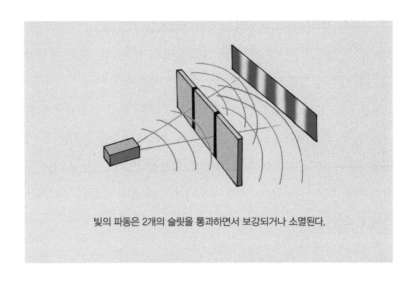

빛의 파동은 2개의 슬릿을 통과하면서 보강되거나 소멸된다.

나 다른 파동과 진행 경로가 겹칠 때 같은 더 복잡한 경우를 가정하여 하위헌스의 원리를 확장시켰다.

파동이 좁은 틈을 통과하면 파동이 가진 에너지는 틈새의 양쪽으로 퍼져나간다. 이러한 현상을 회절이라고 부른다. 하위헌스의 접근법대로 파동의 에너지는 틈새의 가장자리에서 원형 파동으로 퍼져나간다. 이 때문에 틈새를 통과한 파동은 반원 모양으로 보이게 된다. 모퉁이를 만났을 때에도 파동의 에너지는 이와 유사하게 회절한다.

영의 실험

영의 실험에서 백색광을 하나의 슬릿에 비췄을 때, 파동의 대부분은 슬릿을 통과해 직진하지만 슬릿의 양쪽 가장자리에서는 회절이 일어나면서 원형의 파동이 2개 형성되었다. 서로 인접한 두 파동은 간섭을 일으켜 스크린 중앙에 맺힌 환한 줄무늬의 가장자리에 희미한 얼룩을 만들었다.

회절하는 에너지의 양은 슬릿을 통과하는 빛의 파장과 슬릿의 폭에 따라 달라진다. 옆으로 늘어선 줄무늬들의 간격은 파장에 비례하고 슬릿의 폭에 반비례한다. 따라서 슬릿이 좁으면 줄무늬 사이의 간격은 더 넓어지고, 빨간 빛은 파란 빛보다 더 넓게 확산된다.

여기에 두 번째 슬릿이 추가되면 그 결과는 각각의 슬릿이 만드는 단일 슬릿 패턴과 두 파동의 간섭에 의해 만들어지는 회절 패턴의 결합으로 나타난다. 두 슬릿 사이의 거리가 슬릿의 폭보다 훨씬 크기 때문에, 스크린 중앙에 맺힌 줄무늬의 간격은 더 좁다.

이것이 영이 본 것이었다. 즉 두 슬릿을 통과한 파동 열의 간섭으로 생긴 수많은 가느다란 줄무늬가 각각의 슬릿에서 일어난 회절의 넓은 줄무늬 패턴과 겹친 것이다.

영의 발견은 당시에는 매우 중요한 것이었는데, 그 이유는 빛이 알갱이 또는 미립자corpuscle로 이루어져 있다는 뉴턴의 아이디어에 정면으로 맞서는 현상이기 때문이다. 빛줄기들은 서로 간섭을 일으키기 때문에, 영은 빛이 파동이라는 사실을 분명히 입증할 수 있었다. 빛이 입자였다면 빛줄기는 카드를 통과해 똑바로 직진하면서 스크린 상에 2개의 줄을 만들었을 것이다.

그러나 문제는 그렇게 단순하지 않았다. 이후에 물리학자들이 발견한 사실에 따르면 빛은 매우 변덕스럽다. 어떤 때는 입자처럼 행동하다가, 또 어떤 때는 파동처럼 행동하기도 한다. 영의 이중 슬릿 실험은 아주 약한 빛줄기를 통과시키거나 빛이 통과할 때 슬릿을 매우 빠르게 열었다 닫는 등 여러 방법으로 변형되어 오늘날까지 빛의 성질을 연구하는 데 중요하게 활용된다. 그리고 빛의 특이한 성질이 더 많이 발견되면서 양자이론을 검증하는 데 중요한 요소가 되고 있다.

1672 뉴턴, 빛은 작은 입자로 이루어졌다고 제안.
1678 하위헌스, 파동의 전파를 설명하는 하위헌스의 원리 발표.
1801 영, 이중 슬릿 실험 진행.
1818 프레넬, 틈새와 장애물에 대하여 하위헌스의 이론을 수정.
1873 맥스웰의 방정식으로 빛이 전자기파임을 설명.
1905 아인슈타인, 빛이 입자처럼 행동할 수 있음을 밝힘.

05 빛의 속도 Speed of light

폭풍우를 관찰하면, 우르릉 울리는 천둥소리는 언제나 번쩍이는 번갯불에 뒤이어 들린다는 사실을 알 수 있다. 폭풍이 치는 지점이 멀수록 천둥소리는 더 늦게 들린다. 그 이유는 공기 중에서 소리가 빛보다 훨씬 더 느리게 이동하기 때문이다. 압력파인 소리는 1킬로미터를 이동하는 데 몇 초 정도가 걸린다. 빛은 전자기 현상이며 이동 속도가 어마어마하게 빠르다. 그렇다면 빛은 어떤 매질에서 전파되는 것일까?

19세기 후반, 물리학자들은 우주가 대전된 기체, 즉 '에테르ether'로 채워져 있으며 이것이 빛의 매질이라고 추측했다. 그러나 1887년, 한 유명한 실험에 의해 에테르가 존재하지 않는다는 사실이 입증되었다. 앨버트 마이컬슨과 에드워드 몰리는 에테르를 고정된 기준으로 두고 태양 주위를 회전하는 지구의 상대적 운동을 관측하는 기발한 실험을 고안했다.

이들은 실험실에서 2개의 빛줄기를 서로 직각이 되도록 쏘아 정확히 같은 거리만큼 떨어진 2개의 동일한 거울에 반사되도록 했다. 거울에서 반사되어 돌아온 두 빛줄기가 만나면 간섭에 의한 줄무늬가 만들어진다. 만일 지구가 두 방향 중 어느 한 방향으로 움직이면, 빛이 에테르를 통과하는 속도에 지구의 속도가 더해지거나 감해지게 될 것이다. 수영선수가 강의 물살을 따라 헤엄칠 때와 물살을 거슬러 헤엄칠 때 완주 시간에 차이가 생기는 것과 같은 이치다. 마찬가지로 빛도 각 축을 따라 이동하는 동안 시간의 차이가 생기게 된다. 따라서 결과적으로 1년에 걸쳐 간섭 줄무늬를 관찰하면 줄무늬는 미세하게 앞뒤로 움직여야 한다.

그러나 줄무늬는 움직이지 않았다. 빛줄기는 항상 정확히 같은 시간에 출발점으로 돌아왔다. 지구가 우주 공간에서 어느 곳으로 어떻게 움직이든 상관없이, 빛의 속도는 변하지 않았다. 따라서 에테르는 존재하지 않는다.

빛은 항상 초속 3억 미터라는 일정한 속도로 움직인다. 이러한 성질을 물결이나 음파와 비교하면 대단히 이상해 보인다. 파도나 소리는 매질이 달라지면 진행 속도도 달라지기 때문이다. 뿐만 아니라, 우리는 경험상 속도를 더하거나 뺄 수 있다는 사실을 알고 있다. 마치 추월을 시도하는 차가 느릿느릿한 속도로 내 차를 제치고 나아가는 것처럼 보이듯이 말이다. 달리는 차에서 다른 차에게 전조등 불빛을 쏘면, 빛은 두 차가 얼마나 빠르게 달리든지 상관없이 같은 속도로 움직인다.

쌍둥이 패러독스

이동하는 시계는 시간이 천천히 흐르기 때문에, 속도가 빠른 우주선에 탑승한 우주비행사는 지구에 있는 동료들보다 나이를 천천히 먹는다. 만일 일란성 쌍둥이 중 한 사람을 고속 우주선에 태워 가장 가까운 행성으로 보내면 그는 시간이 천천히 흐르는 것을 경험하게 된다. 지구로 돌아왔을 때 쌍둥이 형제는 늙었는데도 그는 젊은 모습 그대로일 것이다. 이 이야기는 말이 안 되는 것 같지만, 사실 진정한 의미의 패러독스는 아니다. 쌍둥이 우주비행사는 탑승한 우주선이 출발할 때의 가속과 돌아올 때의 감속을 거치는 동안 매우 강력한 힘을 겪는다. 시간의 상대적 변화에 관한 또 다른 예를 들면, 어느 한 곳에서 동시에 일어나는 사건들이 다른 곳에서 보면 동시에 일어나지 않는 것처럼 보일 수 있다.

이는 고속 열차나 제트기에서도 마찬가지다.

아인슈타인과 상대성이론

왜 빛의 속도는 변하지 않는 것일까? 이 문제를 고민하던 아인슈타인은 1905년 특수상대성이론을 고안했다. 당시 스위스 베른의 특허사무국 직원이었던 아인슈타인은 여가 시간 틈틈이 물리학을 연구했다. 그는 서로 다른 속도로 여행하는 두 사람이 서로에게 불빛을 비추면 무엇을 보게 될지를 상상했다. 만일 빛의 속도가 변하지 않는다면 다른 무언가가 변화를 보상해야 한다고 아인슈타인은 생각했다.

변하는 것은 공간과 시간이다. 헨드리크 로렌츠, 조지 피츠제럴드, 앙리 푸앵카레가 고안한 아이디어를 따라, 아인슈타인은 빠르게 움직이는 관찰자가 여전히 빛의 속도를 일정하게 느끼도록 공간과 시간의 짜임을 확장시켰다. 그는 3차원의 공간에 시간이라는 축을 결합하여 4

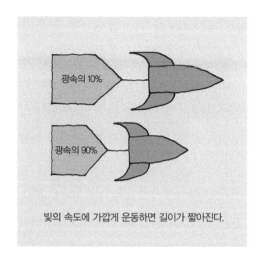

광속의 10%

광속의 90%

빛의 속도에 가깝게 운동하면 길이가 짧아진다.

차원의 '시공간'을 세웠다. 속도는 거리를 이동 시간으로 나눈 것이고 어떠한 것도 빛의 속도를 넘어설 수 없으므로, 속도가 일정하려면 거리가 줄고 시간이 천천히 흘러 이를 보상해야 한다. 관찰자로부터 광속에 가까운 속도로 멀어지는 로켓은 길이가 짧아지는 것처럼 보이고, 로켓의 시간은 관찰자의 시간보다 천천히 흐른다.

아인슈타인은 상대성이론에서 모든 움직임이 상대적이며 절대적인 관점이 없음을 밝힌 것이다. 기차 안에 앉아서 나란히 옆을 달리는 다른 기차를 바라보고 있으면, 누가 정지해 있는지 누가 달리고 있는지 알 수 없다. 마찬가지로 지구가 태양의 주위를 회전하고 우리 은하계를 가로지른다고 해도, 우리는 그 움직임을 느끼지 못한다. 우리가 경험하는 것은 모두 상대적인 운동이다.

비행하는 시계

아인슈타인은 빛의 속도에 가까워지면 시간이 느려질 것이라고 예측했다. 여러 개의 시계가 이동을 할 경우 각각의 이동 속도에 따라 시간이 제각각 흐르게 될 것이다. 이 놀라운 가설은 1971년에 사실로 입증되었다. 4개의 동일한 원자시계가 지구를 두 바퀴 도는데, 둘은 동쪽으로 둘은 서쪽을 향해 움직였다. 이 시계들이 다시 원위치로 돌아왔을 때 시계가 가리키는 시간을 지상에 머물러 있던 시계와 비교했다. 그 결과 움직이는 시계의 시간은 고정되어 있던 시계에 비해 수분의 1초 정도 짧아져 있었다. 아인슈타인의 특수상대성이론이 확인된 것이다.

물체가 빛의 속도에 근접하면 $E=mc^2$(에너지=질량×빛의 속도의 제곱)에 따라 질량 역시 무거워진다. 속도가 느리면 늘어나는 질량은 미미한 정도지만 광속에서는 거의 무한대가 되며, 광속보다 빠른 속도까지 가속하는 것은 불가능해진다. 따라서 어떤 것도 빛의 속도를 넘을 수 없다. 그리고 질량을 가진 물체는 모두 빛의 속도까지 도달할 수 없고 단지 근접할 수만 있는데, 빛의 속도에 가까워질수록 질량은 점점 더 무거워지며 가속은 더욱 어려워진다. 빛 그 자체는 질량이 없는 빛알로 이루어져 있어 영향을 받지 않는다.

앨버트 에이브러햄 마이컬슨 (1852~1931)

프러시아(현재 폴란드)에서 태어난 마이컬슨은 1855년 부모님과 함께 미국으로 이민을 갔다. 그는 미국 해군사관학교에서 장교후보생으로 훈련을 받으며 광학, 열과 기후학 등을 공부했고, 그곳에서 교관이 되었다. 독일과 프랑스에서 광학을 공부하며 몇 년을 보낸 후, 그는 미국으로 돌아와 케이스 웨스턴 대학교의 물리학 교수가 되었다. 그곳에서 그는 몰리와 함께 에테르가 존재하지 않음을 입증한 간섭계 실험을 수행했다. 이후 시카고 대학교로 이직한 마이컬슨은 별의 크기와 별 사이의 거리를 측정하는 광학간섭계를 개발했다. 1907년 미국인 최초로 노벨 물리학상을 받았다.

사람들은 아인슈타인의 특수상대성이론에 깜짝 놀랐고 이를 받아들이는 데 수십 년이 걸렸다. 질량과 에너지의 동일성, 시간 지연과 질량의 변화 등의 개념은 이전에 알던 것과는 확연히 달랐다. 아마도 상대성이론이 그렇게 흥행에 성공한 이유는 플랑크가 이 이론에 매료되었기 때문일 것이다. 플랑크가 특수상대성이론을 옹호하면서 아인슈타인은 학계의 주류에 편입할 수 있었고 대중적인 인기까지 얻게 되었다.

1887 마이컬슨과 몰리, 에테르가 존재하지 않음을 밝힘.
1901 플랑크, 에너지의 '양자'를 제안.
1905 아인슈타인, 특수상대성이론 발표.
1915 아인슈타인, 일반상대성이론 발표.
1971 비행기의 시계 실험을 통해 시간 지연이 확인.

06 광전효과 Photoelectric effect

19세기에 잇따라 진행된 실험의 예사롭지 않은 결과들은 빛의 파동설이 틀렸거나 적어도 불충분하다는 것을 보여주었다. 금속 표면에 쪼인 빛은 전자를 이탈시킨다는 사실이 증명되었는데, 이때 전자가 가진 에너지는 빛이 파동이 아니라 개별적으로 뚜렷이 구분되는 '빛알' 탄환으로 이루어져 있어야만 설명이 가능했다.

1887년, 독일의 물리학자인 하인리히 헤르츠는 초창기 라디오 수신기를 제작하는 동안 스파크에 대해 생각해보고 있었다. 수신기 안에 있는 2개의 대전된 금속 공 사이에 스파크가 일면 송신기 안의 다른 2개의 금속 공 사이에 또 다른 스파크를 일으킨다. 이러한 구조의 장치를 불꽃 간극 생성기라고 한다.

헤르츠는 수신기의 금속 공이 1밀리미터 정도로 가까이 붙어 있으면 송신기 금속 공 사이의 두 번째 스파크가 더 쉽게 일어난다는 사실을 발견했다. 하지만 이상한 현상도 함께 발견했다. 이 장치에 자외선을 쪼여도 스파크가 일어나는 것이었다.

이 사실은 잘 이해가 가지 않았다. 빛은 전자기파이므로, 빛의 에너지가 금속 표면층의 전자에 전달되면 전자가 박탈되어 전기의 형태를 띨 수는 있었다. 그러나 실험을 더 해보니 그런 식으로 설명할 수 있는 현상이 아니었다.

헤르츠의 조수인 필리프 레나르트는 처음으로 돌아가 실험을 다시 시작했다. 그는 불꽃 간극 생성기를 완전히 분해한 후 금속판 2개를 진공 유리관 안에 배치했다. 유리관 안의 두 금속판은 서로 분리되어 있지만, 유리관 밖에서 도선과 전류계로 두 금속판을 연결해 회로를 이루도록 했다. 레나르트는 밝기와 진동수가 다른 여러 종류의 빛을 첫 번째 금속판에 쪼이고, 두 번째 금속판에는 빛을 쪼

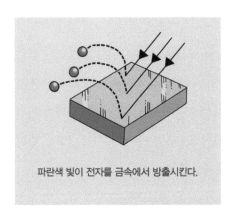

파란색 빛이 전자를 금속에서 방출시킨다.

이지 않았다. 첫 번째 금속판에서 떨어져 나온 전자는 사방으로 날아다니다가 두 번째 금속판을 때렸고, 회로가 완성되면서 미세한 전류가 흐르기 시작했다.

레나르트는 희미한 빛을 사용할 때보다 밝은 빛을 쪼일 때 더 많은 전자가 방출된다는 사실을 발견했고, 이는 예상했던 결과였다. 더 많은 에너지가 금속판을 비춘 것을 감안하면 당연한 일이었다. 그러나 빛의 세기를 조절해도 방출되는 전자의 속도에는 별다른 영향을 미치지 않았다. 레나르트는 반대 방향으로 약한 전압을 걸어 전자를 멈추게 하면서 전자의 에너지를 측정했는데, 밝은 빛을 쬘 때나 희미한 빛을 쬘 때나 방출된 전자의 에너지는 항상 같았다. 이는 예상치 못한 결과였다. 더 많은 에너지를 지닌 밝은 빛이 입사되면 전자의 속도도 더 빨라질 것이라 예상했기 때문이다.

빛의 색깔

흥미를 느낀 물리학자들이 이 문제에 뛰어들었고, 그중에는 미국인인 로버트 밀리컨도 있었다. 밀리컨은 여러 색깔의 빛으로 실험을 하면서 빨간색 빛은 광도가 아무리 강해도 전자를 전혀 방출시키지 못한다는 사실을 발견했다. 반면 자외선과 파란색 빛은 전자를 잘 방출시켰다. 금속의 종류에 따라 차단 진동수가 다른데, 차단 진동수보다 낮은 에너지의 빛은 아무리 세게 쪼여도 전자가 방출될 수 없다. 이러한 문턱값 이상에서 방출되는 전자의 에너지(즉 속도)는 빛의 진동수에 비례했다. 빛의 진동수와 전자의 에너지 사이의 관계에서 변화도, 즉 그래프의 기울기를 '플랑크 상수'라고 한다.

이러한 현상은 놀라운 것이었다. 당시의 견해에 따르면 빛의 파동은 이와는 반대로 작용해야 했다. 금속 표면에 쪼여진 전자기파는 전자를 서서히 달구어야 한다. 바다에서 이는 해일이 잔물결보다 더 많은 에너지를 전달하는 것처럼, 빛 세기가 세면 박탈되는 전자의 개수도 많아지고 전자의 에너지도 더 커져야 한다.

또한 진동수는 크게 영향을 미치지 못해야 한다. 가만히 있는 전자에 전달되는 에너지의 측면에서 보면 수많은 작은 파도와 몇 개의 기대한 파도 사이에는 차이가 거의 없어야 한다. 그러나 실제로는 작고 빠른 파동은 전자를 잘 방출시켰지만 느린 파동은 아무리 거대해도 전자를 움직이게 할 수 없었다.

또 다른 문제는 전자가 너무 빨리 방출된다는 것이었다. 빛의 에너지를 충분히 흡수하려면 시간이 걸릴 것 같은데, 어둑어둑한 빛을 쬐어도 전자는 즉시 방출되었다. 비유적으로 말하자면 작은 물결 하나가 다가와 툭 부딪혀도 전자는 곧장 튀어 올랐다. 이러한 결과들을 놓고 볼 때, 빛을 단순한 전자기파로 설명하는 가설에는 뭔가 문제가 있었다.

밀리컨의 기름방울 실험

1909년 로버트 밀리컨과 하비 플레처는 전자의 전하량을 측정하기 위해 기름방울을 이용했다. 밀리컨과 플레처는 2개의 대전된 금속판 사이에 기름방울을 띄웠고, 이 기름방울을 공중에 띄우기 위해 필요한 힘이 항상 기본 전하량의 배수로 나타난다는 사실을 밝혔다. 그들이 측정한 값은 1.6×10^{-19}C(쿨롱)이었다. 두 사람은 이 값이 전자 1개가 갖는 전하량이라고 가정했다.

아인슈타인의 빛알 총알

1905년 아인슈타인은 광전효과의 기이한 성질을 급진적인 아이디어로 설명했다. 그가 1921년에 받은 노벨상은 상대성이론이 아닌 광전효과를 설명한 공을 인정받아 수여된 것이었다. 플랑크의 에너지 양자 개념을 바탕으로, 아인슈타인은 빛이 작은 에너지 묶음energy packet의 형태로 존재한다고 주장했다. 광양자는 이후 '광자photon'또는 '빛알'이라는 이름을 얻었다.

아인슈타인은 금속의 전자를 방출시킨 것은 낱알로 이루어진 빛알 탄환의 힘이라고 주장했다. 빛알은 비록 질량은 없지만 진동수에 비례하는 양의 에너지를 가지고 있다. 따라서 파란색 빛알과 자외선 빛알은 빨간색 빛알보다 펀치의 힘이 더 센 것이다. 이 가설대로라면 방출된 전자의 에너지가 빛의 밝기가 아닌 진동수에 비례하는 이유도 설명

알베르트 아인슈타인 (1879~1955)

1905년 아인슈타인은 세 편의 물리 논문을 발표했고, 논문들은 모두 신기원을 열었다. 독일에서 태어나 스위스 베른의 특허사무국에서 파트타임으로 일하던 물리학자로서는 대단한 성과였다. 아인슈타인의 논문들은 브라운 운동, 광전효과, 특수상대성이론을 설명하는 것이었다. 1915년에는 일반상대성이론을 설명하는 또 다른 획기적인 논문을 발표했다. 그의 이론은 불과 4년 후 일식의 관측을 통해 극적으로 증명되었다. 아인슈타인의 이름은 남녀노소 모두에게 알려지게 되었다. 그는 1921년 광전효과에 대한 연구로 노벨상을 받았고, 1933년 미국으로 영구 이주했다. 아인슈타인은 루스벨트 대통령에게 독일이 개발하던 핵무기의 위험성을 경고하는 유명한 서한에 지지를 표명했고, 이는 맨해튼 프로젝트가 시작되는 계기가 되었다.

할 수 있었다.

빨간색 빛알은 에너지가 충분하지 않기 때문에 전자를 방출시키지 못한다. 그러나 파란색 빛알이 가진 힘은 전자를 방출시키기에 충분하다. 더 큰 에너지를 지닌 자외선 빛알을 맞은 전자는 속도가 더 빠르다. 빛의 밝기를 조절하는 것은 아무 상관이 없다. 대포알에 대고 포도알을 열심히 맞혀봤자 대포알의 방향을 바꾸지 못하는 것처럼, 힘없는 빨간색 빛알의 개수를 늘려봤자 전자를 움직이지 못하는 것이다. 전자의 방출이 신속하게 일어나는 현상도 설명할 수 있다. 전자를 방출하는 데에는 빛의 속도로 움직이는 빛알 하나면 충분하다.

아인슈타인의 광양자에 관한 아이디어는 처음에는 큰 호응을 얻지 못했다. 물리학자들은 맥스웰 방정식으로 깔끔하게 정리된 빛의 파동설을 숭배하고 있었기 때문에 아인슈타인의 가설을 좋아하지 않았다. 그러나 이후 계속된 실험들을 통해 방출되는 전자의 에너지가 빛의 진동수에 비례하다는 사실이 입증되었고, 아인슈타인의 엉뚱한 아이디어는 사실로 굳어졌다.

1839 알렉상드르 베크렐, 최초로 광전효과를 관찰.
1887 헤르츠, 전극에 자외선을 쬐어 전극 간 스파크를 관측.
1899 J. J. 톰슨, 입사광에 의한 전자의 생성을 확인.
1901 플랑크, 에너지 양자 개념을 도입.
1905 아인슈타인, 빛의 양자 즉 빛알 개념을 제시.

전자

07 파동-입자 이중성Wave - particle duality

20세기가 시작될 무렵, 빛과 전기는 파동의 형태로 전파되며 고체는 입자로 구성되어 있다는 가설이 무너졌다. 일련의 실험들을 통해 전자와 빛알은 파동과 마찬가지로 회절과 간섭을 일으킨다는 사실이 밝혀졌다. 파동과 입자는 동전의 양면처럼 공존한다.

1905년 아인슈타인이 빛이 연속적인 파동이 아닌 에너지 묶음의 형태, 즉 빛알의 형태로 전파된다고 제시한 이후, 20년 가까이 논란이 지속되었고 수많은 실험이 이어졌다. 이러한 상황은 언뜻 보기엔 17세기부터 이어졌던 '빛이란 무엇인가'에 관한 양극화된 논쟁이 새로 시작되는 것 같았다. 그러나 실질적으로는 물질과 에너지 사이의 관계에 대한 새로운 이해를 예고하는 것이었다.

1600년대의 뉴턴은 빛이 미립자로 구성되어 있을 것이라고 주장했다. 빛은 똑바로 진행하고 반사면을 만나면 깨끗이 반사되었으며 유리같은 매질에서는 굴절되어 속도가 느려지기 때문이었다. 이후 하위헌스와 프레넬은 빛은 틀림없는 파동이라고 주장했다. 빛은 장애물을 만나면 경로가 휘어지고, 파동의 특징에 따라 회절, 반사, 간섭을 일으키기 때문이었다. 맥스웰은 1860년대에 전자기 현상을 요약한 4개의 방정식을 발표하며 빛의 파동설을 못 박았다.

빛이 입자로 이루어져 있다는 아인슈타인의 제안은 평지풍파를 일으켰다. 하지만 여기에는 그 이상의 의미가 있었다. 그의 주장이 조성해놓은 불편한 긴장감은 오늘날까지도 이어지고 있다. 빛은 파동도 아니고 입자도 아니다. 빛은 그 두 가지 모두이다. 그리고 똑같은 사실이 다른 전자기 현상에도 적용된다.

빛을 쫓아서

수많은 실험에서 나타난 현상들을 볼 때 빛은 굉장히 변덕스럽다. 광전효과 실험에서 빛은 연속 사격한 탄환처럼 행동했고, 영의 이중 슬릿 실험에서는 파동처럼 행동했다. 빛의 특성을 측정하기 위해 실험 장치를 설정하면, 빛은 자신의 행동을 조절해서 실험 목표에 맞는 특성을 보여준다.

물리학자들은 빛을 포착하여 '진짜' 특성을 밝히기 위해 여러 가지 실험들을 고안했다. 그러나 그중 어느 것도 빛의 순수한 본질을 파악하지 못했다. 사람들은 영의 이중 슬릿 실험을 여러 형태로 바꾸어가며 빛의 파동—입자 이중성의 극한까지 밀어붙였지만, 이 둘의 공동작용은 여전히 존재했다.

세기가 아주 약해 빛알을 낱개로 관찰할 수 있는 빛이 2개의 슬릿을 통과하더라도 충분히 오랫동안 기다리기만 하면 똑같은 간섭무늬가 나타난다. 낱개의 빛알이 쌓이면서 종합적으로 낯익은 가느다란 줄무늬를 만들어내는 것이다. 슬릿 중 하나를 닫으면 빛알은 회절하며 넓게 퍼진 회절무늬를 만든다. 슬릿을 다시 열면 그 순간 줄무늬도 다시 나타난다.

이는 마치 빛알이 두 곳에 동시에 존재하면서 두 번째 슬릿의 상태가 어떤지 '알고 있는' 것 같다. 관찰자의 손이 아무리 빨라도 빛알을 속이는 것은 불가능하다. 빛알이 이동하는 도중에 슬릿 중 하나를 닫으면, 분명 빛알이 슬릿을 통과해 스크린에 도착하기 전인데도 불구하고 앞에서와 정확히 똑같은 방식으로 회절무늬를 만든다.

빛알은 2개의 슬릿을 동시에 통과하는 것처럼 행동한다. 만일 관찰자가 한쪽 슬릿에 검출기를 놓아 빛알을 포착하려 하면, 이상하게도 간섭무늬는 사라진다. 빛알은 관찰자가 입자로 취급하면 입자가 된다. 어떤 방법으로 실험하든 간섭무늬는 관찰자가 빛알을 어떻게 취급하느냐에 따라 나타나거나 사라졌다.

물질파

파동-입자 이중성은 빛에만 적용되는 것이 아니다. 1924년 루이 빅토르 드브로이는 물질 입자, 심지어는 물체도 파동처럼 행동할 수 있다고 주장했다. 그는 크고 작은 물체들에 특정 파장을 지정했다. 물체의 크기가 클수록 파장은 짧아진다. 예를 들어 코트 위를 날아가는 테니스공의 파장은 10^{-34}미터로, 양성자의 크기보다도 훨씬 작다. 육안으로 볼 수 있는 물체들의 파장은 극히 작아서 눈으로 식별할 수 없는 수준이라, 우리는 물체가 파동처럼 행동하는 것을 볼 수 없다.

3년 후 드브로이의 아이디어가 사실로 확인되었다. 전자가 빛처럼 회절과 간섭을 일으킨다는 사실이 밝혀진 것이다. 전기는 19세기 후반부터 전자라는 입자에 의해 전달된다고 알려져 있었다. 1897년 조지프 존 톰슨은 전하가 빛처럼 특별한 매질이 없어도 진공 상태에서 전파된다는 사실을 확인했고, 따라서 전하를 전달하기 위해서는 입자가 꼭 필요했다. 이러한 사실은 전자기장이 파동이라는 믿음과 잘 들어맞지 않았다.

1927년 뉴저지에 위치한 벨 연구소에서, 클린턴 데이비슨과 레스터 저머는 니켈 결정을 향해 전자를 쏘는 실험을 하고 있었다. 발사된 전자는 결정격자의 원자층에 의해 산란되고, 결정을 통과한 전자 빔beam들은 뒤섞여 뚜렷한 회절무늬를 만들어냈다. 전자들은 빛처럼 간섭 현상을 일으켰다. 즉 전자들은 파동처럼 행동하고 있었다.

이와 비슷한 기술로 결정 구조에 X선을 쏘는 기술이 있었는데, 주로 결정의 구조를 확인하기 위한 용도로 사용되었다. 이러한 기술을 X선 결정학X-ray crystallography이라고 한다. 1895년 뢴트겐이 발견했을 당시에는 X선이 무엇인지 확실치 않았지만, 곧 에너지가 높은 전자기파인 것으로 파악되었다.

루이 드브로이 (1892~1987)

드브로이는 1901년 외교관이 되기 위해 역사 전공으로 파리 소르본느에 입학했지만 곧 물리학으로 전공을 바꾸었다. 제1차 세계대전 중 에펠탑 기지에서 통신병으로 복무한 후, 그는 소르본느로 돌아와 수리물리학을 연구했다. 플랑크의 흑체복사 연구에 매료된 드브로이는 1924년 박사학위 논문에서 파동-입자 이중성 가설을 주장했고, 1929년 노벨상을 수상했다. 그는 형 모리스와의 토론에서 아이디어를 얻었다고 말했는데, X선을 연구하던 모리스는 X선이 파동인 동시에 입자인 것 같다고 귀띔해주었다고 한다.

심층구조

X선 결정학은 새로운 물질의 구조를 확인하기 위해 폭넓게 사용되며 특히 화학자와 생물학자들이 분자 구조를 조사하는 데 쓰인다. 프랜시스 크릭과 짐 왓슨은 로절린드 프랭클린이 촬영한 DNA의 X선 간섭무늬를 보고 DNA를 구성하는 분자들이 이중 나선 구조로 배열되어 있어야 한다는 아이디어를 얻었다.

1912년 막스 폰 라우에는 X선의 짧은 파장이 결정 내의 원자의 간격과 비슷하다는 점을 깨달았다. 따라서 결정층을 향해 X선을 투사하면 X선은 회절한다. 결정의 기하학적 구조는 결과 이미지의 밝은 점의 위치를 통해 계산할 수 있었다. 이 방법은 1950년대 DNA의 이중 나선 구조를 밝히면서 유명해졌다.

1922년에는 이와 유사한 실험으로 아인슈타인의 빛알 개념이 입증되었다. 아서 콤프턴은 X선을 전자에 충돌시켜 산란시킨 후 X선의 진동수에 미세한 변화가 일어나는 것을 측정했다. 이것이 콤프턴 효과이다. X선의 빛알과 전자는 모두 당구공처럼 행동하고 있었다. 결국 아인슈타인의 가설이 옳았던 것이다. 뿐만 아니라 모든 전자기파는 입자처럼 행동한다는 사실도 밝혀졌다.

오늘날 물리학자들은 중성자, 양성자, 분자가 파동–입자로서의 이중적 행동을 보이는 것을 목격해왔다. 심지어는 다소 크기가 큰 버키볼buckyball(탄소 원자 60개가 공 모양으로 결합된 구조–옮긴이)도 마찬가지 특성을 보인다.

1670 뉴턴, 빛의 미립자설 제창.
1860년대 맥스웰, 전자기 방정식 발표.
1897 톰슨, 전자는 전기장의 입자라고 제안.
1905 아인슈타인, 광양자 개념 제안.
1912 폰 라우에, X선이 원자에 의해 회절할 수 있음을 밝힘.
1922 콤프턴, X선에 의해 전자를 산란.
1924 드브로이, 파동–입자 이중성을 제안.
1927 데이비슨과 저머, 전자 회절을 측정.

08 러더퍼드의 원자 Rutherford's atom

한때 물질을 구성하는 가장 작은 구성 성분은 원자라고 여겨졌지만, 약 100여 년 전 모든 것이 바뀌었다. 원자를 해부하던 물리학자들은 원자가 마치 러시아 인형 마트료시카처럼 수많은 겹으로 이루어져 있다는 사실을 발견했다. 첫 번째 층은 전자층이었다. 1887년 영국의 물리학자 조지프 톰슨은 유리관에 든 기체에 전류를 흘려보내 원자로부터 전자를 박탈시켰다.

톰슨은 전자가 물질 안에 어떻게 분포되어 있는지 아는 바가 거의 없었다. 그래서 단순히 원자가 건포도 박힌 푸딩처럼 생겼을 것이라고 설명했다. 음전하를 띠는 전자가 건포도처럼 양전하의 반죽 사이에 흩뿌려져 박혀 있다는 것이었다. 전자와 양전하가 인력으로 인해 '푸딩처럼' 함께 섞여 있으면서 원자로서의 모양을 유지한다는 것이다.

1909년에 원자의 더 깊은 층을 파고들려는 실험이 있었다. 어니스트

어니스트 러더퍼드 (1871~1937)
뉴질랜드 출신의 러더퍼드는 방사능을 이용해 질소를 산소로 바꾼 현대의 연금술사였다. 영국 케임브리지 대학교 캐번디시 연구소의 수장으로서, 수많은 미래의 노벨상 수상자들의 멘토가 되었다. 그의 별명이 '악어'여서 오늘날에도 캐번디시 연구소는 악어를 상징으로 삼고 있다. 1910년 알파선 산란 연구와 원자 내부 구조의 특성에 관한 연구를 통해 러더퍼드는 핵의 존재를 최초로 확인하게 되었다.

러더퍼드는 동료인 한스 가이거, 어니스트 마스던과 함께 흥미로운 실험을 수행했다. 그들은 건포도 푸딩 모형을 검증하기 위해 무거운 알파입자를 아주 얇은 금박 호일에 쏘았다. 사용한 알파입자는 라듐 또는 우라늄에서 뿜어 나오는 방사선이었고, 금박 호일의 두께는 원자 몇 개를 합친 두께 정도였다.

그들은 알파입자가 대부분 호일을 뚫고 직진할 것으로 예상했다. 그러나 실제로는 알파입자가 수천 개 중 하나꼴로 호일에 맞고 곧바로 튕겨 나왔다. 방향을 뒤집어도 보고, 각도를 크게 90도에서 180도로 바꿔도 보았지만, 알파입자들은 무언가 야구 배트처럼 단단한 것에 부딪힌 듯이 튕겨 나왔다. 러더퍼드는 호일의 재질인 금 원자 안에 무언가 작고 단단하고 무거운 알갱이가 존재한다는 것을 깨달았다.

핵의 이름을 짓다

톰슨의 부드러운 건포도 푸딩 모형으로는 이를 설명할 수 없었다. 톰슨의 모형에서는 원자를 양전하와 음전하가 뒤섞인 형태로 다루었으며, 이 중에 알파입자를 막을 만큼 단단하거나 무거운 것은 전혀 없었다. 러더퍼드는 금 원자의 중심에 무언가 밀도가 높은 단단한 것이 있을 것이라는 결론을 내렸다. 그는 그것을 '핵nucleus'이라고 불렀는데, 라틴어로 견과류의 알맹이를 가리키는 단어다. 핵의 발견은 핵물리학의 시초였으며, 원자핵 물리학을 여는 계기가 되었다.

물리학자와 화학자들은 주기율표를 통해 다양한 원소의 질량을 알고 있었다. 1815년 윌리엄 프라우트는 가장 단순한 원자, 즉 수소가 여러 개 결합하여 다른 원소를 구성한다는 가설을 내놓았다. 그러나 이 가설로는 원소들의 무게를 쉽게 설명할 수 없었다. 예를 들어 두 번째 원소인 헬륨의 질량은 수소의 2배가 아닌 4배이기 때문이다.

그로부터 약 100년 후인 1917년, 러더퍼드는 원소들이 수소의 핵을 포함하고 있다는 사실을 밝혀냈다. 질소 기체를 향해 알파입자(헬륨 원자의 핵)를 발사하자 양전하를 띤 입자들이 튀어나왔고, 질소 기체는 산소로 바뀌었다. 이 실험은 인간이 하나의 물질을 다른 물질로 변환시킨 최초의 사례였다. 수소 기체와의 혼동을 피하기 위해, 러더퍼드는 1920년 그리스어의 '첫 번째'라는 의미를 가진 단어를 이용해 순수한 수소 핵을 proton, 즉 '양성자'라고 명명했다.

핵의 구성 성분

원자의 질량을 설명하기 위해, 러더퍼드는 핵이 몇 개의 양성자로 이루어져 있으며 그 안에 소수의 전자가 들어 있어 전하량의 균형을 일부 맞추는 것이라고 상상했다. 나머지 전자들은 핵의 바깥껍질에 존재한다. 수소는 가장 가벼운 원소로, 양성자 하나에 전자 1개가 주위를 도는 형식으로 구성된다. 헬륨의 경우에는 4개의 양성자에 2개의 전자가 핵 안에 존재한다고 생각했다. 이렇게 해서 2개의 양전하를 갖는 알파입자가 되는 것이다. 그리고 그 주위를 2개의 전자가 회전한다고 보았다.

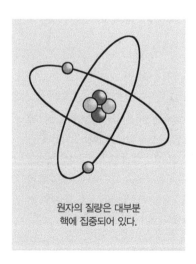

원자의 질량은 대부분 핵에 집중되어 있다.

핵 안에 전자가 있다는 개념은 이내 오류임이 밝혀졌다. 1932년 러더퍼드의 동료인 제임스 채드윅이 새로운 입자를 발견한 것이다. 중성을 띤 이 입자는 양성자와 질량이 동일한데, 파라핀에서 양성자를 떼어낼 만큼 충분한 질량을 가지면서도 전기적으로는 중성이었다. 이 입자는 중성자neutron라고 명명되었고, 원자모형은 수정되었다.

원자의 질량은 핵 안의 중성자와 양성자의 합으로 설명된다. 예를 들어 탄소-12의 원자핵 안에는 6개의 양성자와 6개의 중성자가 들어 있으며(따라서 질량은 원자량 12가 된다) 원자핵 주위를 전자 6개가 회전하고 있다. 화학적 성질이 같지만 질량이 다른 원소를 동위원소isotope라고 한다.

원자의 핵은 크기가 매우 작아 지름이 수 펨토미터(10^{-15}미터, 즉 1,000조분의 1미터)에 불과하다. 핵 주위를 도는 전자궤도의 10만분의 1정도 크기다. 원자핵과 전자궤도의 비율은 길이가 약 10킬로미터 정도 되는 맨해튼과 지구의 지름을 비교하는 것과 비슷하다.

또한 핵은 아주 무겁고 밀도가 높다. 사실상 원자의 질량은 좁은 영

탄소연대측정법

탄소동위원소는 불에 탄 나무나 석탄같이 수천 년 전 사용되었던 고고학 유물의 연대를 측정하는 데 사용된다. 일반적인 탄소의 질량은 원자량 12인데, 간혹 원자량 14의 탄소가 발견되기도 한다. 탄소-14는 불안정하며 방사성 붕괴를 한다. 탄소-14가 베타입자를 방출하며 붕괴하면 질소-14로 바뀌는데, 이렇게 원래 양의 절반으로 줄어들 때까지 걸리는 시간은 5,730년이다. 탄소-14의 느린 붕괴를 이용해 유물의 연대를 측정할 수 있다.

역 안에 밀집한 양성자와 중성자에 집중되어 있다. 그러나 양전하를 띠는 양성자들이 어떻게 그렇게 전부 찰싹 붙어 있을 수 있을까? 왜 양성자들은 서로를 밀어내어 핵을 분열시키지 않는 것일까? 물리학자들은 이를 설명하기 위해 핵자nucleon를 결합시키는 새로운 종류의 힘이 필요했고, 이 힘을 강한 핵력strong nuclear force이라고 불렀다.

강한 핵력 또는 강력은 아주 좁은 범위 안에서만 작용하므로 오로지 핵 안에서만 의미가 있다. 핵 바깥의 범위에서 강력은 정전기력보다도 약하다. 그러므로 2개의 양성자를 붙잡아서 붙인다고 가정하면, 이 둘은 맨 처음에는 반발력을 느낄 것이다. 그러나 계속해서 밀어붙이면 양성자들은 마치 집짓기 블록처럼 서로 들러붙게 된다. 이런 식으로 계속 압축하면 양성자들은 서로 붙어 고정된다. 이렇게 양성자와 중성자는 핵 안에서 단단하게 결합되어 있다.

강한 핵력은 중력, 전자기력, 약한 핵력과 함께 자연계의 네 가지 기본 힘을 이룬다.

1887 톰슨, 전자 발견.
1904 톰슨, 건포도 박힌 푸딩을 닮은 톰슨 원자모형 제안.
1909 러더퍼드, 금박 실험 수행.
1911 러더퍼드, 핵 모델 제안.
1918 러더퍼드, 양성자 발견.
1932 채드윅, 중성자 발견.
1934 유카와 히데키, 강한 핵력 제안.

09 양자도약 Quantum leaps

1913년, 덴마크의 물리학자 닐스 보어는 핵 주위에 전자가 배치된 형태를 구성함으로써 러더퍼드의 원자모형을 개선했다. 보어는 행성이 태양 주위를 도는 것처럼 음전하를 띤 전자가 양전하를 띤 핵 주위를 회전한다고 생각했다. 그러면서 왜 전자의 궤도가 핵으로부터 일정한 거리만큼 떨어져 있는지를 설명하면서 원자 구조에 양자물리학을 결합시켰다.

전자는 정전기력, 즉 양전하와 음전하가 서로 끌어당기는 힘에 묶여 핵 주위에 고정되어 있다. 그러나 보어는 전하가 가속을 받아 움직이면 에너지를 잃는다는 사실을 알고 있었다. 흐르는 전류가 도선이나 라디오 수신기 주위로 전자기장을 만드는 것처럼, 움직이는 전자는 전자기 복사를 방출한다.

초기 원자 가설에서처럼 전자가 단순히 핵 주위 궤도를 돌면, 전자는 전자기파를 방출하며 에너지를 잃게 된다. 그러면 서서히 나선을 그리며 핵에 접근하게 되고, 전자에서 방출되는 전자기파의 진동수는 점점 높아진다. 현실 세계에서 이런 일은 일어나지 않는다. 원자들은 자발적으로 붕괴하지 않고, 높은 진동수의 신호를 포착한 적도 한 번도 없었다.

스펙트럼선

그 대신 원자는 특정 파장의 빛만 방출한다. 각각의 원소는 고유의

'스펙트럼선'들을 만든다. 이는 빛으로 그려낸 음계와 비슷하다. 보어는 이 '음계'가 전자의 궤도 에너지와 관련이 있으며, 전자는 껍질 안에 있을 때에만 안정적이며 전자기에너지를 잃지 않는다고 가정했다.

보어는 전자가 사다리의 가로대를 오르내리듯이 궤도를 오르내릴 수 있다고 생각했다. 이러한 도약을 양자도약 또는 양자뜀이라고 한다. 사다리 가로대 간의 에너지 차이는 전자가 그와 일치하는 진동수의 빛의 형태로 흡수하거나 방출한다. 이러한 과정을 통해 스펙트럼선이 그려진다.

따라서 전자는 특정 양의 에너지 묶음만을 취할 수 있다. 플랑크가 흑체복사 실험에서 설명했던 것처럼 전자의 에너지는 양자화된 것이다. 궤도 간의 에너지 차이는 빛의 진동수에 플랑크 상수(h)를 곱한 값의 정수배로 표현된다.

전자껍질의 각운동량은 첫 번째 궤도의 각운동량에 정수를 곱한 것만큼 증가한다. 전자의 에너지 껍질에는 정수로 된 라벨을 붙이는데, 이를 주양자수라고 한다. 주양자수 n=1은 가장 낮은 궤도에 해당하고, n=2는 그 다음으로 낮은 궤도다. 이런 식으로 주양자수를 붙인다.

화학결합의 유형
- 공유결합: 2개의 원자가 전자쌍을 공유하는 결합.
- 이온결합:하나의 원자에서 전자가 떨어져 나와 다른 원자에 결합한 형태. 그 결과 양이온과 음이온이 서로 끌어당기게 된다.
- 판데르발스 결합: 액체 안에서 정전기력에 의해 분자들이 결합한 형태.
- 금속결합: 전자의 바다에 양이온이 섬처럼 떠 있는 형태.

보어는 이렇게 하나의 양성자 주위를 하나의 전자가 회전하는 가장 단순한 형태의 수소 원자를 가지고 에너지 준위를 설명할 수 있었다. 그리고 이 에너지 준위들은 수소의 스펙트럼선과도 잘 맞았다. 그는 해묵은 퍼즐을 푼 것이다.

보어는 더 무거운 원자, 즉 핵에 양성자와 중성자가 더 많이 들어 있고 그 주위를 회전하는 전자의 수도 더 많은 원자까지 자신의 원자모형을 확장했다. 그는 각각의 궤도에는 정해진 개수의 전자만 들어갈 수 있고, 전자들은 가장 낮은 에너지 준위부터 채워진다고 가정했다. 한 궤도가 꽉 차면 전자들은 그 바로 위의 에너지 궤도에 쌓이게 된다.

큰 원자의 가장 바깥껍질에 있는 전자의 입장에서는 안쪽의 전자들이 핵을 부분적으로 가리기 때문에, 전자 1개만 있을 때에 비해 핵이 끌어당기는 힘을 그다지 강하게 느끼지 못한다. 게다가 근처의 전자들끼리 밀치는 힘도 작용한다. 따라서 거대 원자의 에너지 준위는 수소의 에너지 준위와 다르다. 이러한 차이는 보어의 원자모형보다는 다소 복잡한 현대식 모형으로 잘 설명할 수 있다.

전자껍질을 탐험하다

보어의 껍질 모형은 원자의 크기가 왜 서로 다른지, 그리고 그 크기가 왜 주기율표를 따라 변하는지 설명한다. 몇 개 안 되는 바깥껍질전자가 헐겁게 결합되어 있는 원자는 바깥껍질이 꽉 차 있는 원자보다 더 쉽게 부풀어 오를 수 있다. 따라서 불소나 염소처럼 주기율표의 오른쪽에 위치한 원소들은 리튬과 나트륨 같은 왼쪽의 원소들보다 더 단단하게 결합하는 경향이 있다.

또 보어의 모형을 통해 불활성 기체들이 왜 불활성인지를 설명할 수 있다. 불활성 기체의 바깥껍질은 꽉 차 있어서 다른 원자와 전자를 주고받으며 상호작용을 할 수 없다. 첫 번째 껍질은 2개의 전자만 들어가면 가득 채워진다. 따라서 양성자 2개와 전자 2개가 결합된 헬륨은 궤도가 꽉 차 있어 쉽게 반응하지 않는다. 두 번째 껍질에는 8개의 전자가 들어가는데, 이 8개의 전자가 꽉 채워진 불활성 기체는 네온이다.

세 번째 껍질 이상에서는 상황이 훨씬 더 복잡해지는데, 그 이유는 전자의 궤도 모양이 구형이 아니기 때문이다. 세 번째 껍질은 8개의 전자가 들어가지만 아령 모양의 구조가 더 있고 여기에 10개의 전자가 더 들어갈 수 있다. 이 모형으로 철과 구리 같은 전이원소의 구조를 설명한다.

전자궤도가 커지면 보어의 단순한 모형으로는 궤도의 모양을 잘 설명할 수 없으며, 오늘날까지도 궤도를 계산하기가 매우 어렵다. 그러나 이 구조는 전자를 교환하는 화학결합으로 이루어진 분자의 형태를 지배하고 있다. 보어의 모형은 철과 같은 아주 큰 원자에서는 잘 맞지 않고, 스펙트럼선의 세기나 세밀한 구조도 설명하지 못한다. 보어는

전자들의 뜀뛰기

전자는 궤도 사이를 뛰어 이동할 수 있다. 이때 궤도 사이의 에너지 차이(ΔE)에 비례하는 진동수(ν)의 전자기 복사를 흡수하거나 방출한다. h를 플랑크 상수라고 할 때 관계식은 다음과 같다.

$$\triangle E = E_2 - E_1 = h\nu$$

원자모형을 개발할 당시 고전 전자기학의 이론에 바탕을 둔 빛알의 존재를 믿지 않았다.

보어의 원자모형은 1920년대 말 양자역학 버전의 모형으로 대체되었다. 양자역학 버전에서는 전자의 파동 특성을 수용하고 전자궤도를 일종의 확률 구름으로 간주한다. 즉 전자가 존재할 확률이 있는 공간의 영역으로 다루는 것이다. 주어진 순간에 전자의 위치가 정확히 어디인지를 아는 것은 불가능하다.

그럼에도 보어의 원자모형은 주기율표의 구조부터 수소의 스펙트럼까지 다양한 패턴을 설명하기 때문에, 그의 통찰력은 화학 전반에 걸쳐 아직도 영향력을 발휘하고 있다.

1901 플랑크, 에너지 양자 개념 제안.
1913 보어, 원자모형 개발.

10 프라운호퍼 선Fraunhofer lines

17세기 뉴턴이 햇빛을 유리 프리즘에 통과시킨 후로, 우리는 백색광이 실은 무지개색 빛들의 혼합이라는 사실을 알고 있다. 그러나 무지개색 스펙트럼을 자세히 들여다보면 마치 바코드처럼 중간중간 수많은 검은 줄무늬가 보인다. 태양의 중심부로부터 뻗어 나온 빛이 태양의 바깥 기체층을 통과하면서 특정 파장이 흡수된 것이다.

이러한 '흡수선'의 파장은 특정 상태와 에너지를 가진 화학 원소의 흡수 파장과 일치한다. 가장 흔한 것은 태양의 주요 구성 성분인 수소와 헬륨이고, 이 둘이 연소하면서 생기는 탄소, 산소, 질소 등이 있다. 이 줄무늬의 파장을 흡수하는 원소를 찾으면 태양의 화학적 구성을 연구할 수 있다.

태양 스펙트럼의 검은 줄무늬는 1802년 영국의 천문학자인 윌리엄 하이드 울러스턴이 최초로 발견했지만, 1814년 이를 처음으로 상세하게 설명한 사람은 독일의 렌즈 제작자 요제프 폰 프라운호퍼였다. 이후 태양 스펙트럼의 검은 줄무늬는 그의 이름을 따 '프라운호퍼 선'이라고 불리게 되었다. 프라운호퍼는 500개 이상의 선을 찾아 목록을 만들었는데, 현대식 장비로는 1,000개 이상을 파악할 수 있다.

1850년대 독일의 화학자 구스타프 키르히호프와 로베르트 분젠은 실험을 통해 원소들이 고유의 흡수선을 만들어낸다는 사실을 알아냈다. 원소들이 자신만의 바코드를 가지고 있는 것이다. 원소들은 해당

요제프 폰 프라운호퍼 (1787~1826)

독일 바바리아 지방에서 태어난 프라운호퍼는 열한 살 때 부모를 잃고 유리 제조업자의 조수가 되었다. 1801년 프라운호퍼는 일하던 작업장이 무너져 매몰되는 사고를 당했지만, 마침 지나가던 바바리아의 막시밀리안 1세 요제프 왕자가 그를 구조했다. 왕자는 이후 프라운호퍼의 교육을 지원하면서 수도원으로 보내 유리 세공을 공부하게 했다. 그곳에서 그는 당시 전 세계에서 가장 우수한 광학 유리 제조법을 배웠고, 공방의 최고 장인이 되었다. 당시 수많은 유리세공업자와 마찬가지로 프라운호퍼도 서른아홉이라는 젊은 나이에 세상을 떠났는데, 그 원인은 작업장에서 사용하던 중금속 증기 중독 때문이었다.

진동수의 빛을 흡수하기도 한다. 네온관을 예로 들면, 유리관 안에 든 네온 기체는 네온 원자의 에너지 준위와 일치하는 파장의 밝은 줄무늬들을 만들어낸다.

각 스펙트럼선의 진동수는 특정 원자의 에너지 준위 사이를 전자가 양자도약할 때 방출 또는 흡수하는 에너지와 정확히 일치한다. 뜨거운 기체 안에 있는 원자의 경우(예를 들면 네온관 안에 든 원자) 원자는 충돌로 인해 들뜬 상태가 되고, 전자는 냉각되려 하면서 에너지를 방출할 것이다. 전자가 낮은 에너지 준위로 떨어지면 에너지 차이와 일치하는 진동수의 밝은 스펙트럼선을 만들어낸다.

반면 차가운 기체는 주위의 광원으로부터 에너지를 흡수하여 전자를 높은 궤도로 띄운다. 그 결과 스펙트럼선에는 어두운 흡수선, 즉 틈이 생긴다. 스펙트럼선의 분석은 화학 분야에서 물질의 성분을 밝히는 데 사용되는 강력한 기술이며, 이를 연구하는 분야를 분광학 spectroscopy이라고 한다.

격자

프리즘은 기능도 제한적이고 크기가 커서, 가는 실틈 여러 개를 나란히 배열한 장치를 프리즘 대신 사용하기도 한다. 이러한 장치를 '격자'라고 부른다. 프라운호퍼는 도선을 나란히 엮어 만든 격자를 최초로 제작했다.

격자는 프리즘보다 훨씬 강력한 도구로 빛을 더 큰 각으로 꺾을 수 있다. 격자는 또한 빛의 파동 특성의 장점을 십분 활용한다. 슬릿을 통과하는 빛줄기는 모두 회절에 의해 에너지가 확산된다. 빛줄기가 퍼지는 각도는 빛의 파장과 비례하고 슬릿 폭에 반비례한다. 가는 슬릿은 넓은 슬릿보다 빛을 확산시키는 각도가 더 넓고, 빨간색 빛은 파란색 빛보다 더 많이 휜다.

슬릿을 2개 이상 사용할 경우 파동 사이의 간섭이 일어난다. 빛 파동의 마루와 골이 서로 보강되거나 상쇄되면 스크린 상에 밝고 어두운 줄무늬를 만드는데 이를 간섭무늬라고 한다. 이 줄무늬는 두 가지 효과가 겹쳐져 일어나는 것이다. 즉, 단일 슬릿 줄무늬처럼 보이더라도 그 안을 자세히 들여다보면 더 가느다란 줄무늬로 쪼개져 있으며, 그 간격은 두 슬릿 사이의 거리에 반비례한다.

격자는 영의 이중 슬릿 실험을 거대하게 확장한 버전이다. 슬릿이 단 2개만 있는 것이 아니라 훨씬 많기 때문에, 밝은 줄무늬의 경계가 선명해진다. 슬릿이 많을수록 줄무늬들은 더 밝아진다. 각각의 밝은 선은 하나의 미니 스펙트럼이다. 물리학자들은 격자를 직접 제작하여 슬릿의 간격과 크기를 원하는 대로 바꿔가면서 빛의 스펙트럼을 더 섬세하게 분해한다. 천문학에서는 별과 은하계의 빛을 관찰하여 구성 성분을 확인하기 위해 격자를 사용한다.

진단

백색광을 확산시키면 부드럽게 이어지는 빨강-파랑-초록의 스펙트럼을 만들지만, 원자는 특정 진동수의 빛만을 방출한다. 이러한 '스펙트럼선' 바코드는 원자 내부의 전자가 갖는 에너지 준위에 따라 정해진다. 수소, 헬륨, 산소 같은 일반적인 원소들의 파장은 실험을 통해 잘 알려져 있다.

들뜬 상태의 전자가 에너지를 잃을 때 빛알을 외부로 방출하고 낮은 에너지 상태로 떨어지면 밝은 방출선이 나타난다. 흡수선은 원자에 빛을 쪼이면 전자가 높은 궤도로 뛸 수 있는 정확한 양의 에너지를 흡수할 때 만들어진다. 이런 방식으로 밝은 바탕에 검은 줄무늬가 나타나면서 바코드 무늬가 생긴다.

스펙트럼선의 정확한 진동수는 원자의 에너지 상태와 이온화 여부에 따라 결정된다. 예를 들어 뜨거운 기체 안에 들어 있는 원자는 바깥 전자들이 쉽게 떨어져 나가면서 이온화된다. 스펙트럼선은 감도가 높아 기체의 기본적인 물리적 특성을 탐지하는 데 사용되며, 뜨거운 기체에서는 원자의 운동으로 인해 스펙트럼선이 더 넓어지므로 온도를 측정하는 수단으로도 사용될 수 있다. 그 밖에도 스펙트럼선들의 상대적 강도를 통해 기체의 이온화 정도 같은 더 많은 정보를 알 수 있다.

적색편이(빨강쏠림)

스펙트럼선은 파장을 정확히 알 수 있기 때문에 천문학에서 천체의 속도와 거리를 측정하는 데 유용하게 사용된다. 저 멀리서 구급차가 다가올 때 사이렌 소리의 음정이 올라가다가 관찰자 앞을 지나쳐 멀어지면 음정이 떨어지는 것처럼 들리는데, 이러한 현상을 도플러 효과라고 한다. 이와 유사한 방식으로 별 또는 은하계에서 출발한 빛의 파동도 관찰자로부터 멀어지면 파장이 길어지는 것처럼 보인다. 따라서 도착한 스펙트럼선의 파장이 살짝 길어진 상태가 되고, 그 차이를 적색편이 또는 빨강쏠림이라고 한다. 마찬가지로 관찰자를 향해 다가오는 물체의 스펙트럼선은 파장이 살짝 짧아 보인다. 이를 청색편이 또는 파랑쏠림이라고 한다. 큰 규모에서 보면 대부분의 은하계들은 청색편이가 아닌 적색편이를 보인다. 이 사실을 통해 은하계들이 우리로부터 멀어지고 있다는 사실을 알 수 있다. 우주는 팽창하고 있는 것이다.

그러나 속을 자세히 들여다볼수록 점점 더 복잡해진다. 스펙트럼선의 세부 구조는 전자의 특성을 파악하고 원자의 특성을 양자 규모로 해부하는 주요 도구가 된다.

1672 뉴턴, 백색광이 여러 색의 혼합임을 밝힘.
1802 울러스턴, 태양의 스펙트럼에서 검은 선들을 목격.
1814 프라운호퍼, 수백 개의 스펙트럼선 분리.
1850년대 키르히호프와 분젠, 원소에서 나오는 선들을 검출.

11 제만 효과 Zeeman effect

수소가 뜨겁게 달아오르면 스펙트럼선을 방출한다. 이 스펙트럼선은 전자가 양자도약을 일으킬 때, 즉 높은 에너지 준위에서 낮은 준위로 뛰어내리며 냉각될 때 나타난다. 수소 스펙트럼의 각각의 선들은 전자의 도약이 일어난 두 에너지 준위의 에너지 차이가 그와 일치하는 진동수의 빛으로 변환된 것이다.

전자가 두 번째 준위에서 첫 번째 준위로 떨어질 때 방출되는 빛의 파장은 121나노미터(nm: 10만분의 1미터)이며 스펙트럼의 자외선 영역에 속한다. 전자가 세 번째 준위에서 첫 번째로 뛰어내릴 때의 파장은 103나노미터로, 에너지가 더 크고 파장이 더 짧다. 네 번째 준위에서 첫 번째 준위로 떨어질 때의 빛은 97나노미터이다. 전자껍질은 에너지 준위가 올라갈수록 간격이 더 좁아지기 때문에 에너지의 차이 역시 줄어든다. 따라서 특정 껍질로 낙하하며 섬기는 스펙트럼선들은 파란색 쪽으로 갈수록 촘촘히 모이는 경향이 있다.

전자가 특정 준위로 떨어져 발생하는 스펙트럼선들을 계열series이라고 한다. 전 우주에서 가장 단순하고 가장 흔한 원자인 수소의 경우, 주요한 계열의 이름은 과학자의 이름을 붙였다. 첫 번째 껍질로 이동하는 계열은 라이먼 계열이라고 하며, 1906년에서 1914년 사이에 이 계열을 발견한 과학자 시어도어 라이먼의 이름에서 따왔다. 첫 번째 스펙트럼선은(2번 준위에서 1번 준위로) 라이먼-알파, 두 번째는(3번 준위에서 1번 준위로) 라이먼-베타 하는 식으로 명명한다.

두 번째 준위로 낙하하며 생기는 스펙트럼선들은 발머 계열이다. 1885년 이 계열의 존재를 예측한 요한 발머의 이름을 붙인 것이다. 발머 계열의 선들 대부분은 가시광선 영역에 속한다. 그 다음 세 번째 에너지 준위로의 낙하로 인한 스펙트럼선들은 파셴 계열이라고 한다. 프리드리히 파셴은 1908년 이 계열을 최초로 관측했다. 파셴 계열은 적외선 영역에 속한다.

이후 연구를 통해 이러한 스펙트럼선

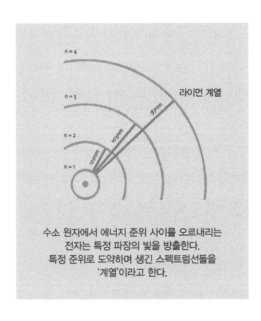

수소 원자에서 에너지 준위 사이를 오르내리는 전자는 특정 파장의 빛을 방출한다. 특정 준위로 도약하며 생긴 스펙트럼선들을 '계열'이라고 한다.

이 순수한 하나의 선이 아니라 더 세밀한 내부 구조가 있다는 사실이 밝혀졌다. 수소의 스펙트럼선을 고해상도로 관찰하면 한 가닥이 아니라 두 줄이 아주 가깝게 붙어 있는 것이 보인다. 스펙트럼선을 만들어 내는 전자의 에너지 준위는 여러 개로 갈라져 있었다.

은 총알

1922년, 오토 슈테른과 발터 게를라흐는 뜨거운 오븐 안에서 기화된 은 원자 빔을 자기장을 향해 쏘는 유명한 실험을 수행했다. 슈테른과 게를라흐가 은을 선택한 이유는 사진유제로 검출할 수 있다는 장점도 있었지만 은의 바깥껍질전자가 하나이기 때문이었다. 그들의 실험 목표는 전자의 자기적 특성을 관찰하는 것이었다.

은의 전자는 자기장을 통과하면서 마치 작은 막대자석처럼 행동하고, 외부 자기장의 기울기에 비례하는 힘을 받는다. 슈테른과 게를라흐는 이 힘의 방향이 무작위라서 검출판에 넓은 1개의 흔적만 남길 것이라 예상했다. 그러나 예상과 달리 은 빔은 둘로 갈라져서 2개의 자국을 남겼다. 이 결과는 전자 '자석'의 방향이 두 방향으로 정해져 있음을 암시하는 것이다. 이는 매우 이상한 일이었다.

전자스핀

그런데 전자는 왜 자기장을 띠는 것일까? 1925년 사무엘 호우트스미트와 조지 윌렌베크는 전자가 마치 팽이처럼 회전하는 대전된 공과 같다고 제안했다. 이러한 특성을 전자스핀electron spin이라고 부른다. 움직이는 전하는 전자기 법칙에 따라 자기장을 형성한다. 슈테른-게를라흐의 실험에서 은 원자 빔이 두 갈래로 나뉘어진 이유는 전자의 회전 방향이 두 방향이기 때문이었다. 이 두 방향을 위^{up}와 아래^{down}라고 부른다.

전자의 두 회전 방향으로 스펙트럼선에서 미세하게 분리된 선들도 설명할 수 있다. 같은 궤도 안에서 한쪽 방향으로 회전하는 전자와 반대 방향으로 회전하는 전자 사이에 미세한 에너지 차이가 있는 것이다.

양자 스핀은 진짜 운동은 아니고 입자의 고유한 특성이다. 스핀이 위인지 아래인지를 설명하기 위해 물리학자들은 전자와 그 밖의 입자들에 스핀 양자수를 부여한다. 전자의 스핀 양자수는 (+)(−)1/2의 값을 갖도록 정의된다.

원자의 안팎으로 여러 전자기 현상이 존재한다. 자전하는 전자와 대전된 입자, 그리고 전자의 자체 전하와 핵의 전하, 외부 자기장 같은 여러 현상 사이에서 다양한 상호작용이 일어날 수 있다. 따라서 스펙트럼선은 수많은 복잡한 방식으로 갈라지게 된다.

전자가 자기장 안에 놓여 있을 때 스펙트럼선이 갈라지는 효과를 제

흑점 자기

1908년, 천문학자인 조지 엘러리 헤일은 태양 표면의 흑점에서 방출된 빛으로부터 제만 효과를 관찰했다. 제만 효과는 태양의 빛나는 부분의 빛에서는 보이지 않는데, 이로 인해 흑점이 강력한 자기장을 갖는다는 사실을 유추할 수 있다. 헤일은 스펙트럼선 사이의 간격을 측정하여 자기장의 세기를 유도할 수 있었고, 이후 흑점의 자기극성이 대칭 구조임을 밝혔다. 예를 들면 태양의 적도를 가운데 두고 양쪽에서 자기장이 반대 방식으로 행동하는 것이다.

피테르 제만 (1865~1943)

제만은 네덜란드의 작은 마을에서 태어났다. 고등학생이던 1883년에 오로라를 목격하면서 제만은 물리학에 관심을 갖게 되었다. 그가 그린 오로라 그림과 그에 덧붙인 설명은 주위의 찬사를 받았고 국제적인 과학 저널 〈네이처〉 지에 실리게 되었다. 제만은 라이덴 대학교에 진학해 초전도성을 발견한 카메를링 오네스와 일반상대성이론과 전자기학을 연구하던 로렌츠에게서 물리학을 배웠다. 제만의 박사학위 논문 주제는 블랙홀 주위의 자기 특성에 관한 것이었다. 1896년 그는 허락받지 않은 실험을 수행했다는 이유로 해고되었는데 그가 이 실험에서 발견한 현상이 바로 제만 효과다. 제만은 1902년 노벨상을 받음으로써 마지막에 웃는 자가 되었다.

만 효과라고 하는데, 네덜란드의 물리학자인 피테르 제만의 이름에서 딴 것이다. 이 효과를 볼 수 있는 예로는 태양의 흑점에서 방출되는 빛이 있다. 전기장에 의해 스펙트럼선이 분리되는 현상은 최초 발견자인 요하네스 슈타르크의 이름을 따 슈타르크 효과라고 한다.

슈테른-게를라흐 실험의 영향력은 막대했다. 이 실험 결과는 입자의 양자적 특징을 실험실에서 최초로 입증한 것이었다. 과학자들은 재빨리 추가 실험에 나섰고, 원자의 핵이 양자화된 각운동량을 갖는다는 사실을 밝혔다. 원자핵의 각운동량 역시 전자스핀과 상호작용을 통해 스펙트럼선의 '초미세한' 갈라짐 현상을 일으킨다. 또한 외부의 장의 변화를 통해 전자스핀의 상태를 전환할 수 있다. 이러한 발견은 현재 병원에서 사용되는 자기공명영상법(MRI)의 기본 기술로 응용되고 있다.

1896 제만, 제만 효과 발견.
1908 헤일, 태양의 흑점에서 제만 효과 관찰.
1913 슈타르크, 슈타르크 효과 발견.
1922 슈테른-게를라흐 실험으로 양자화된 전자의 자성이 밝혀짐.
1925 호우트스미트와 윌렌베크, 전자가 자전하는 대전된 공이라는 가설 제시.

12 파울리의 배타원리|Pauli exclusion principle

보어가 1913년 발표한 원자모형은 수소의 가장 낮은 에너지 준위에 2개의 전자가 들어 있고, 그 다음 준위에 8개가 들어가는 식으로 구성된다. 이 원칙에 따라 주기율표의 기본 구조가 구체화되었다. 그런데 왜 껍질 하나당 들어가는 전자 수에 제한이 있는 것일까? 그리고 전자는 자신이 어느 에너지 준위에 자리 잡아야 하는지를 어떻게 아는 것일까?

볼프강 파울리는 그 해답을 찾고 싶었다. 당시 그는 제만 효과를 연구하고 있었다. 자기장에 의해 원자 안에서 회전하는 전자의 에너지 준위가 바뀔 때 발생하는 스펙트럼선의 갈라짐 현상을 연구하던 중, 바깥전자가 1개인 알칼리 금속들의 스펙트럼 사이에 유사점이 있음을 발견했다. 바깥껍질이 꽉 찬 불활성 기체들의 스펙트럼도 마찬가지였다. 마치 전자가 가질 수 있는 상태의 수가 고정된 것 같았다.

이러한 현상은 모든 전자가 에너지, 각운동량, 고유 자기장, 스핀이라는 4개의 양자수로 기술되는 하나의 상태를 갖는다고 하면 설명될 수 있었다. 다른 말로 하면 전자들은 각자 고유의 주소를 갖는다는 뜻이다.

1925년 발표된 파울리의 배타원리는 하나의 원자 안에 있는 2개의 전자가 동일한 4개의 양자수를 가질 수 없다는 내용이었다. 정리하자면, 전자 2개가 동일한 순간 동일한 장소에 동일한 특성을 가지고 존재할 수 없다.

전자의 조직

주기율표를 따라 더 무거운 원소 쪽으로 이동하면 원자 안의 전자의 개수는 증가한다. 전자는 모두 같은 좌석에 앉을 수 없으며, 점차 높

볼프강 파울리 (1900~1958)

비엔나의 신동으로 이름 높았던 파울리는 책상서랍 안에 아인슈타인의 특수상대성이론 논문들을 몰래 숨겨놓고 읽었다. 뮌헨 대학교에 입학하고 채 몇 달이 지나지 않아 파울리는 상대성이론에 대한 첫 번째 논문을 발표했다. 그러고 나서 그는 양자역학에 뛰어들었다.

베르너 하이젠베르크는 파울리를 '전형적인 밤의 새'라고 칭했다. 파울리는 언제나 카페에서 저녁 시간을 보냈고 아침 강의에는 거의 참석하지 않았다. 어머니의 자살과 첫 번째 결혼의 실패로 파울리는 알코올중독에 빠졌다. 스위스의 심리학자인 칼 융에게 도움을 청하면서, 파울리는 수천 개가 넘는 자신의 꿈을 상세히 설명한 글을 융에게 보냈고, 그중 일부는 융이 논문으로 발표하기도 했다. 파울리는 제2차 세계대전 중 몇 년 동안 미국에 머물며 유럽 과학의 발전을 위해 연구했다. 취리히로 돌아온 그는 1945년 노벨상을 받았다.

은 껍질을 채워간다. 작은 극장에서 사람들이 점점 스크린에서 먼 쪽으로 좌석을 찾아 앉는 것을 상상하면 된다.

원자의 가장 낮은 에너지 준위에 전자 2개가 자리 잡을 수는 있지만, 이 두 전자의 스핀이 어긋나 있을 경우에만 가능하다. 헬륨의 경우, 전자 2개가 가장 낮은 껍질에 함께 들어가고 스핀은 서로 반대 방향이다. 리튬 원자에서 세 번째 전자는 그 다음 껍질로 올라가야 한다.

파울리의 배타원리는 모든 전자에 적용되며, 양자 스핀이 기본 단위의 반정수배가 되는 입자(예를 들어 양성자와 중성자)에도 적용된다. 이러한 입자들을 페르미온fermion이라고 하는데, 이탈리아의 물리학자인 엔리코 페르미의 이름에서 딴 것이다.

전자, 양성자, 중성자는 모두 페르미온이다. 따라서 파울리의 배타원리는 원자의 기본 입자들에 모두 적용되는 셈이다. 2개의 페르미온이 같은 장소에 존재하지 못한다는 사실 때문에 물질이 단단해질 수

보손

모든 입자가 페르미온인 것은 아니나. 입사 중에는 성수 스빈을 갖는 것도 있다. 이러한 입자를 보손boson이라고 한다. 보손이라는 명칭은 이 입자를 연구했던 인도의 물리학자 사티엔드라 나드 보스Satyendranath Bose의 이름에서 딴 것이다. 빛알은 대표적인 보손이며, 기본 힘을 전달하는 입자들도 모두 보손이다. 헬륨의 핵은 양성자 2개와 중성자 2개로 이루어져 있는데, 헬륨처럼 대칭을 이루는 핵 중에서도 일부 보손처럼 행동하는 입자가 있다. 보손은 파울리의 원리에 구애받지 않아 개수에 상관없이 동일한 양자 특성을 가질 수 있다. 따라서 거시 세계에서 기이하게 보이는 양자 작용들, 이를테면 초유체나 초전도성 같은 현상의 중심에서 수천 개의 보손들이 중요한 역할을 맡는다.

있는 것이다. 원자는 대부분 텅 빈 공간으로 되어 있지만, 물질을 스펀지처럼 쥐어짜거나 강판에 치즈를 짓누르듯 물질끼리 서로 누를 수 없다. 파울리는 물리학에서 가장 심오한 문제 중 하나를 해결한 것이다.

별의 일생

파울리의 원리는 천문학에도 영향을 미쳤다. 중성자별과 흰난쟁이별(백색왜성)은 파울리의 배타원리 때문에 존재한다.

우리 태양보다 큰 별들이 나이가 들면 내부의 핵융합 엔진이 흔들리기 시작한다. 그러다 결국 철의 생성을 끝으로 원소의 변환 과정이 멈추고 상태가 불안정해진다. 핵이 붕괴하면 별은 폭발하는데, 이것이 초신성 폭발이다. 폭발이 일어나면 양파 껍질 같은 별의 층들이 안쪽으로 무너지면서 기체가 뿜어져 나온다.

기체가 붕괴하면 중력은 이를 끌어당긴다. 폭발의 잔여물들이 수축하고 원자들이 압축된다. 그러나 원자들 주위를 돌고 있는 융통성 없는 전자들이 여기에 저항한다. 파울리의 배타원리가 이 '겹침 압력'만으로 죽어가는 별을 떠받치는 것이다. 이러한 상태의 별을 '백색왜성' 또는 '흰난쟁이별'이라고 하며, 지구 정도의 부피에 태양과 같은 질량의 물질이 압축되어 있다. 흰난쟁이별의 물질을 각설탕 크기만큼 떼어내면 그 무게는 1톤에 달한다.

태양 질량의 1.4배가 되는 한계를 찬드라세카르 한계Chandrasekhar mass limit라고 하는데, 이 한계보다 더 큰 별은 압력이 너무 커서 결국 전자들도 버티지 못하고 두 손을 들고 만다. 전자는 양성자와 결합되어 중성자를 이룬다. 따라서 전자는 사라지고 '중성자별'이 남게 된다.

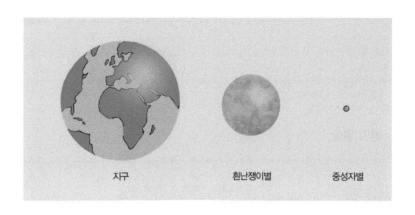

지구　흰난쟁이별　중성자별

　중성자 역시 페르미온이다. 따라서 중성자들도 서로를 떠받친다. 중성자들도 동시에 같은 양자상태를 가질 수 없기 때문이다. 남은 별의 상태는 여전히 온전하지만 크기는 반지름 10킬로미터 정도까지 줄어든다. 이것은 태양의 질량을 맨해튼 지역 안에 구겨 넣은 것과 비슷하다. 고밀도의 중성자별의 물질을 각설탕 크기만큼 떼어내면 그 무게는 1억 톤을 훌쩍 넘는다. 압축 작용은 여기에서 멈추지 않고, 중성자별은 결국 블랙홀이 된다.

　파울리의 배타원리는 가장 기본이 되는 입자에서부터 저 멀리에 있는 별까지, 우주 전역을 지배하고 있다.

1913 보어, 원자의 껍질 모형 제안.
1925 파울리, 배타원리를 제시.
1933 중성자가 발견되고 중성자별이 예측됨.
1967 중성자별의 일종인 펄사가 최초로 발견.

양자역학

13 행렬역학 Matrix mechanics

　1920년대에 들어 파동—입자 이중성과 원자의 양자적 특성에 관한 발견들이 쏟아져 나오자, 양자역학 분야는 진퇴양난에 빠졌다. 기존의 원자 가설들로는 여기에 대처할 수 없었고, 새로운 가설이 필요했다. 첫 번째 대응에 나선 사람은 독일의 물리학자인 베르너 하이젠베르크였다. 그는 전자궤도에 대한 계산을 폐기하고 관측된 모든 변수들을 하나의 행렬 기반 방정식에 밀어 넣었다.

　1920년 보어가 코펜하겐 대학교에 새로운 연구소를 세우자, 그가 개척하던 원자 이론을 함께 연구하기 위해 전 세계에서 과학자들이 모여들었다. 보어의 전자궤도 모형은 수소의 스펙트럼과 주기율표의 일부 특징을 잘 설명했다. 그러나 크기가 큰 원자의 스펙트럼선의 자세한 특성은, 심지어 헬륨조차도, 가설과 잘 맞지 않았다.

　당시 새롭게 등장하던 여러 가지 발견들도 보어의 원자모형에 도전장을 던졌다. 파동—입자 이중성의 증거는 계속 늘어났다. X선과 전자가 모두 회절하고 서로 튕겨 나오기도 한다는 사실이 밝혀지면서, 물질은 파동처럼, 파동은 입자처럼 행동할 수 있다는 드브로이의 가설이 입증되었다. 그러나 빛의 입자적 특성에 관한 아인슈타인의 아이디어는 아직 받아들여지지 않았다.

　보어와 플랑크를 포함한 대부분의 물리학자들은 여전히 양자수와 양자 규칙들이 원자의 기본 구조가 지닌 규칙성으로부터 파생된 것이라고 생각했다. 제1차 세계대전이 막 끝난 폐허 속에서, 그들은 에너지 양자화에 관해 완전히 새로운 방식으로 이해해야 한다는 사실을 절감했다.

하이젠베르크는 보어와 함께 연구하기 위해 1924년부터 정기적으로 코펜하겐을 방문했다. 그는 수소의 스펙트럼선을 계산하는 방법을 연구하던 중 한 가지 사실을 깨닫게 되었다. 원자 안에서 실제로 무슨 일이 일어나고 있는지 거의 알 수가 없기 때문에, 물리학자들이 할 일은 관측할 수 있는 것에 집중해야 한다는 것이었다. 그는 다시 칠판으로 돌아와 모든 양자 변수들을 포함할 수 있는 이론적 틀을 만드는 작업에 착수했다.

하이젠베르크는 꽃가루 알레르기 때문에 심하게 고생했다. 1925년 6월, 잔뜩 부어오른 얼굴을 한 채 그는 고향 괴팅겐을 떠나 꽃가루가 덜 퍼진 바닷가로 이사를 가기로 결심했다. 그는 독일의 북해 연안에 있는 작은 섬인 헬골란트로 떠났고, 그곳에서 깨달음을 얻었다.

나중에 그는 자신의 저서에서 새벽 3시쯤 계산의 마지막 결과가 눈앞에 나타났다고 썼다. 처음에는 새로운 발견의 심오한 파급력에 놀랐고, 너무 흥분한 나머지 잠을 이룰 수 없었다. 그는 집을 나와 바위 꼭대기에 걸터앉아 해가 뜨기를 기다렸다.

행렬로 들어가다

하이젠베르크가 알아낸 것은 무엇이었을까? 원자의 여러 스펙트럼선의 세기를 예측하기 위해, 그는 전자궤도가 고정되어 있다는 보어의 아이디어 대신 전자궤도를 정상파의 정수배 진동harmonics으로 다루는 수학적 기술을 택했다. 그는 규칙적인 곱셈으로 이어지는 방정식들을 사용해 전자궤도의 특성을 에너지의 양자도약과 연결 지을 수 있었다.

하이젠베르크는 괴팅겐으로 돌아와 동료인 막스 보른에게 자신의 계산식을 보여주었다. 훗날 보른의 회상에 따르면, 하이젠베르크는 전혀 확신 없는 태도로 바닷가에서 쓴 자신의 논문은 완전히 헛소리고 내용도 모호해서 발표할 가치가 없다고 말했다고 한다. 그러나 보른은 한눈에 그 가치를 알아보았다.

수학 분야에서 광범위한 훈련을 받은 보른은 하이젠베르크의 아이디어를 간결한 행렬 형태로 표현할 수 있음을 단번에 알아챘다. 행렬은 수학에서는 널리 사용되지만 물리학에서는 거의 사용되는 일이 없었다. 행렬은 숫자를 표처럼 모아놓은 것으로, 행렬 안의 모든 항에 하나의 함수를 연속적으로 적용시킬 수 있다. 행렬 표기법을 사용하면 하이젠베르크의 방정식에 들어 있는 연속적인 곱셈 연산을 압축시킬 수 있었다. 보른은 제자였던 파스쿠알 요르단과 함께 하이젠베르크의 방정식을 행렬의 형태로 표현했고, 행렬 안의 항들은 전자의 에너지와 스펙트럼선들과 연결시켰다. 보른과 요르단은 이 결과를 서둘러 논문으로 발표했고, 곧이어 세 물리학자가 공동으로 집필한 세 번째 논문이 뒤를 이었다.

하이젠베르크의 개념은 전자궤도의 그림을 바탕으로 한 것이 아니라는 점에서 매우 참신했다. 그리고 보른과 요르단의 함축적 표현으로 인해 하이젠베르크의 이론을 위한 수학적 기술을 개발할 수 있었다. 그들은 이제 모든 이들의 예상을 뛰어넘는 이론을 전개할 수 있었으며, 새로운 예측도 가능했다.

그러나 물리학자들은 '행렬역학'을 쉽게 받아들이지 못했고, 엄청난 논쟁을 시작했다. 행렬역학이 물리학자들에게 낯설고 기묘한 수학적 언어로 서술된 점 말고도, 그 분야에 몸담은 과학자들 사이에서 극복해야 할 정치적 장애물도 있었다. 보어는 행렬역학 이론을 좋아했다. 불연속적인 양자도약에 관한 자신의 아이디어가 잘 표현되어 있기 때문이었다. 그러나 아인슈타인은 썩 마음에 들어 하지 않았다.

아인슈타인은 파동─입자 이중성을 설명하기 위해 노력하고 있었다. 아인슈타인과 그의 추종자들은 전자궤도를 정상파 방정식을 이용해 설명할 수 있다는 아이디어(원래는 드브로이의 아이디어였다)를 받아들이면서도 여전히 궁극적으로는 파동 이론을 확장해 양자적 특성들을 설명할 수 있기를 바랐다. 그러나 보어의 추종자들은 다른 선택을 했다. 물리학계는 둘로 갈라졌다.

막스 보른 (1882~1970)

폴란드의 브로츠와프(당시에는 프러시아의 실레시아 지방)에서 성장한 보른은 브레슬라우, 하이델베르크, 취리히에서 수학을 공부했고, 1904년 괴팅겐 대학교에 입학했다. 여러 모로 특이한 학생이었던 그는 유명한 수학자들의 지도를 받았고, 아인슈타인과 친하게 지냈다.

1925년에 보른과 하이젠베르크, 그리고 보른의 조수인 요르단은 양자역학의 행렬 모형인 행렬역학을 만들었다. 물리학의 기념비적인 사건이었다. 그러나 이 세 사람은 함께 노벨상을 받지 못했고, 하이젠베르크만이 1932년 단독으로 수상했다. 보른은 한참 뒤인 1954년에 상을 받았다. 여기에 대해서는 요르단이 나치의 일원이었기 때문에 보른의 수상에 영향을 주었다는 추측이 있다. 그러나 사실 보른은 유대인이었고 독일을 피해 1933년 영국으로 망명했다. 보른도 아인슈타인처럼 평화주의자였고 반핵 운동가였다.

행렬역학을 인정하는 사람들은 양자 현상들을 설명하기 위해 행렬역학을 더욱 밀어붙였다. 행렬역학으로는 파울리의 배타원리를 설명할 수 없음에도 불구하고, 파울리는 행렬역학으로 전기장에 의해 스펙트럼선이 갈라지는 현상인 슈타르크 효과를 설명해냈다. 그러나 행렬역학은 제만 효과와 전자스핀을 잘 다루지 못했고, 상대성이론과도 맞지 않았다.

불확정성 원리

행렬역학이 미친 파급 효과는 더 있었다. 행렬역학은 오로지 에너지 준위와 선 세기line intensity에만 초점을 맞추기 때문에, 실제로 전자가 어디에 있는지, 특정 순간에 어떻게 움직이는지에 관해서는 전혀 설명하지 못했다. 그리고 행렬 안의 숫자가 무엇인지, 그것이 현실 세계에서 무엇을 의미하는지에 대한 의문도 여전히 남아 있었다. 행렬역학은 너무 추상적인 것 같았다.

전자의 에너지와 스펙트럼선 같은 관측 결과는 실제의 것이어야 하기 때문에, 아무리 뛰어난 트릭을 사용해 수학적으로 다룬다 해도 비현실적인 요소들은 궁극적으로 걸러내야 했다. 그러나 행렬역학에서 비현실적인 요소를 제외하면 원자의 일부 특성을 동시에 설명할 수 없었다. 이로 인해 결과적으로 하이젠베르크의 '불확정성 원리'가 탄생하게 되었다.

그러나 이런 문제들이 미처 해결되기도 전에, 행렬역학은 새로운 이론에 자리를 내주게 되었다. 오스트리아의 과학자인 에르빈 슈뢰딩거는 전자의 에너지를 설명하기 위해 행렬역학에 맞서는 '파동방정식'을 제안했다.

1897 톰슨, 전자 발견.
1905 아인슈타인, 빛알 개념 제안.
1913 보어, 핵을 도는 전자궤도 설명.
1924 드브로이, 입자가 파동처럼 행동할 수 있다고 제시.
1925 하이젠베르크, 행렬역학 제안.

14 슈뢰딩거의 파동방정식 Schrödinger's wave equation

20세기 초, 입자와 파동의 개념이 밀접하게 뒤엉켜 있다는 사실이 점점 분명해졌다. 아인슈타인은 1905년에 빛의 파동이 빛알 총알의 흐름처럼 나타날 수도 있으며, 그 에너지는 빛의 진동수에 비례한다고 발표했다. 1924년, 드브로이는 빛뿐만 아니라 전자와 원자, 그리고 이들로 구성된 모든 물질이 파동처럼 회절하고 간섭할 수 있다고 주장했다.

보어가 1913년 발표한 원자 이론에서, 전자는 핵 주위의 고정된 궤도상에 존재한다. 전자는 마치 공명하는 기타 줄처럼 정상파의 형태를 취한다. 원자에 묶인 전자의 에너지는 특정한 정수배 진동으로 제한되어 있다. 전자의 파동 주기는 전자궤도의 둘레와 일치해야 했다.

그런데 전자는 어떻게 움직이는 것일까? 만일 전자가 파동이라면 궤도면 전체에 확산되는 모양이어야 한다. 전자가 단단한 입자라면

전자궤도

슈뢰딩거의 방정식에 의해 원자의 3차원 전자궤도 모형은 더욱 복잡해졌다. 전자궤도는 확률의 등고선으로, 전자가 존재할 확률이 80~90퍼센트 정도 되는 지점을 이어 표시한다. 이때 전자가 저 멀리 완전히 엉뚱한 곳에 있을 가능성도 아주 낮은 확률로 존재한다. 이 등고선은 보어의 예상대로 구형이 아닌 것으로 나타났다. 궤도 중 일부는 길게 잡아 늘인 모양으로 아령이나 도넛처럼 생겼다. 화학자들은 이 3차원 전자궤도 모형에 관한 지식을 분자 제어에 사용한다.

태양 주위 궤도를 도는 행성처럼 원형 경로 위를 이동하는 것일까? 이 궤도는 어떻게 배열되는가? 행성은 모두 하나의 평면을 점유한다. 그에 반해 원자는 3차원 구조를 가지고 있다.

슈뢰딩거는 전자를 3차원 파동으로 보고 수학적으로 서술하기로 마음먹었다. 연구에 박차를 가하던 중인 1925년 12월, 슈뢰딩거는 연인과 함께 산속의 외진 오두막으로 향하고 있었다. 그의 결혼 생활은 끔찍할 정도로 험난했고, 그는 아내의 용인 하에 수많은 여자 친구를 두었다.

돌파구

슈뢰딩거는 관습에 얽매이지 않는 사람이었다. 주위 동료들의 기억 속에 그는 항상 부스스한 모습이었고, 등산화에 배낭을 멘 차림이었다. 한 동료는 슈뢰딩거가 학회에서 종종 부랑자로 오해를 받기도 했다고 회상했다.

오두막집에 머무는 동안 슈뢰딩거의 기분은 고조되었다. 그는 자신의 계산이 꽤 진전되었음을 깨달았다. 지금까지의 연구 결과를 발표할 준비가 되었고, 그러고 나면 상대성이론과 시간 의존성을 결부시키는 더 어려운 과제를 계속 연구할 계획이었다.

1926년에 발표한 논문에서 그는 파동과 확률의 물리학을 이용해, 파동처럼 행동하는 입자가 특정 위치를 점유할 확률을 기술하는 방정식을 소개했다. 이 내용은 양자역학의 주춧돌이 되었다.

가능성의 수학

슈뢰딩거의 방정식은 수소의 스펙트럼선의 파장을 정확히 예측했다. 한 달 후 그는 이원자분자diatomic molecule 같은 기본 원자계에 자신의 이론을 적용한 내용을 담은 두 번째 논문을 제출했다. 세 번째 논문에서 그는 파동방정식이 하이젠베르크의 행렬역학과 완전히 일치하며, 행렬역학이 설명했던 현상들을 마찬가지로 설명할 수 있다고 주장했다. 네 번째 논문에서는 시간 의존성을 결합하면서 앞으로 파동함수가 어떻게 발전할지를 제시했다.

고전 파동 이론에 익숙한 물리학자들에게는 슈뢰딩거의 설명이 이해하기 쉬웠기 때문에 방정식이 발표되는 순간부터 혁명적인 성과로 여겼고, 하이젠베르크의 행렬역학은 인기를 잃게 되었다. 행렬 이론은 추상적일뿐 아니라 익숙하지 않은 수학으로 표현되었기 때문에 옹호하는 사람이 많지 않았다.

파동 접근 방식을 좋아했던 아인슈타인은 슈뢰딩거가 제시한 새로운 돌파구에 환호했다. 보어는 흥미를 느꼈지만 여전히 자신의 이론인 불연속적 양자도약을 더 잘 설명하는 행렬역학 편으로 기울어 있었다. 양자이론은 빠르게 발전했지만 둘로 나뉘었다. 과연 우리는 현실 세계에 관해 무언가를 알아가던 것이었을까?

파동함수

슈뢰딩거는 입자가 어느 순간 주어진 장소에 있을 확률을 '파동함수'로 표현했다. 파동함수는 우리가 입자에 관해 알고 있는 정보를 모두 담고 있다.

파동함수를 개념적으로 파악하기 어려운 이유는 실제 경험을 통해 이 함수를 목격하는 경우가 없어 가시화하거나 해석하기가 어렵기 때문이다. 하이젠베르크의 행렬역학에서와 마찬가지로, 파동-입자 이중성에 대한 수학적인 설명과 전자, 양성자 같은 실체 사이에는 여전히 큰 장벽이 있었다.

기존의 물리학에서는 입자의 운동을 설명하기 위해 뉴턴의 법칙을 사용한다. 어떠한 순간에라도 우리는 입자가 정확히 어디에 있는지 알 수 있으며 입자가 움직이는 방향도 알 수 있다. 그러나 양자역학에서는 입자가 어느 순간 어느 곳에 있는지 단지 확률로만 말할 수 있을 뿐이다.

파동함수는 어떻게 생겼을까? 슈뢰딩거의 방정식에서, 외로운 입자 하나가 자유 공간을 떠돌 때의 파동함수는 사인파sine wave와 비슷하게 생겼다. 그리고 입자의 존재를 배제할 수 있을 때, 예를 들어 원자의 제약을 벗어나는 영역에서 파동함수는 0이 된다.

파동함수의 크기는 입자에게 허용된 에너지 준위 또는 에너지 양자를 고려하여 결정되며, 항상 0보다 커야 한다. 이와 유사한 경우로 길

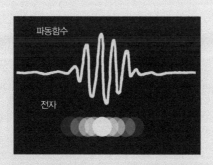

파동함수

전자

파동함수는 전자가 특정 위치에 있을 확률을 기술한다.
파동함수의 진폭이 클수록 전자가 그 자리에 있을 확률은 높아진다.

이가 고정된 줄의 정상파에서는 정수배 진동만이 만들어질 수 있다.
양자이론에 따라 제한된 수의 에너지 준위만이 허용되기 때문에, 입
자는 다른 곳에 있기보다는 어느 특정한 위치에 있을 확률이 더 높다.

계가 복잡해지면 파동함수는 수많은 사인파와 수학적 함수들이 결
합된 형태가 된다. 마치 수많은 정수배 진동으로 이루어진 음악적 소
리 같은 형태와 비슷하다.

파동-입자 이중성의 아이디어를 원자를 비롯한 모든 형태의 물질
에 도입함으로써, 슈뢰딩거는 양자역학의 창시자라는 영예로운 지위
를 얻게 되었다.

1926 슈뢰딩거, 파동방정식 발표.

15 하이젠베르크의 불확정성 원리|Heisenberg's uncertainty principle

1926년, 하이젠베르크와 슈뢰딩거는 심도 깊은 토론을 시작했다. 이전 한 해 동안 두 사람은 각자 원자 안 전자의 양자화된 에너지 상태를 표현하는 파격적인 방법을 발표했고, 두 방법의 파급 효과는 상당히 달랐다.

하이젠베르크의 행렬역학에서는 수학적 기술을 통해 전자의 에너지 상태와 스펙트럼선 사이의 관계를 전자의 에너지 준위 간 양자도약으로 해석한다. 기술적으로는 대단한 성과였지만, 물리학자들은 익숙하지 않은 행렬로 표현된 방정식들이 실제로 뭘 의미하는 건지 알 수가 없어 받아들이기를 꺼렸다.

아인슈타인의 전폭적 지지를 받았던 슈뢰딩거의 방정식은 물리학자들의 입맛에 훨씬 더 잘 맞았다. 파동역학은 전자의 에너지를 정상파와 정수배 진동 같은 익숙한 개념으로 설명하고 있었다. 파동역학은 물질이 파동처럼 행동할 수 있다는 드브로이의 제안과도 잘 맞았고, 전자의 회절과 간섭을 보여준 실험 결과에도 부합했다.

1926년 5월 발표한 논문에서, 슈뢰딩거는 행렬역학과 파동역학의 결과가 비슷하다는 사실을 입증했다. 두 이론은 수학적으로 동일한 것이었다. 그는 자신의 파동 이론이 행렬을 이용한 하이젠베르크의 설명보다 우월하다고 주장했고, 하이젠베르크는 분노했다. 슈뢰딩거가 자신이 낫다고 주장한 이유 중 하나는 행렬 이론의 핵심인 불연속성과 양자도약이 부자연스러워 보이고, 연속적인 파동이 훨씬 더 만족스럽다는 것이었다. 하이젠베르크와 보어는 양자도약이야말로 행렬역학의 강점이라고 생각하고 있었다.

하이젠베르크는 다혈질이었다. 당시는 그의 이력에 있어 매우 중요한 시기였고, 독일의 대학에서 교수 자리를 얻기 위해 부단히 노력하던 중이었다. 따라서 자신이 이룬 위대한 성취가 퇴색되는 것이 달가울 리 없었다.

양자적 교착 상태를 해결하다

1926년 10월, 슈뢰딩거는 보어를 만나기 위해 코펜하겐으로 갔다. 그곳에는 보어와 함께 연구하던 하이젠베르크가 있었다. 두 물리학자는 얼굴을 맞대고 각자의 이론의 정확성에 대해 논쟁을 벌였지만, 서로의 이론에 한 발짝도 다가가지 못했다. 결국 두 사람은 방정식의 물리적 해석을 더 깊이 고민하기로 하고 논쟁을 접었다. 곧이어 하이젠베르크의 동료인 요르단과 케임브리지 대학교의 폴 디랙이 두 방정식을 하나로 합쳤다. 이 결과물이 기초가 되어 현재 양자역학이라고 불리는 분야가 시작되었다.

물리학자들은 현실 세계에서 이 방정식들이 갖는 의미를 설명하기 위한 연구에 돌입했다. 실험실에서 이루어지는 '고전' 측정이 원자 규모에서 일어나는 일들과 어떻게 연결되는 것일까?

불확실성, 유일하게 확실한 것

방정식들을 연구하는 동안 하이젠베르크는 기본적인 문제를 발견했다. 그는 어떤 특성은 정확하게 측정하는 것이 불가능하다는 사실을 깨달았는데, 그 이유는 사용하는 실험 장치가 측정하는 원자에 영향을 미치기 때문이었다. 입자의 위치와 운동량은 동시에 추론할 수 없으며, 주어진 순간의 에너지도 알 수 없었다. 이는 실험하는 사람의 기술이 부족해서가 아니었다. 이러한 불확정성은 양자역학의 핵심에 해당하는 것이다. 하이젠베르크는 1927년 2월 파울리에게 보내는 편지에서 '불확정성 원리'를 최초로 밝혔고, 이후 논문을 통해 공식적으로 발표했다.

어떠한 측정이든 어느 정도의 불확정성이 있다. 키가 120센티미터인 어린아이의 키를 잰다고 하면, 측정한 키는 줄자의 기본 단위 이상으로 정확할 수 없다. 이를테면 줄자가 밀리미터 단위라고 하면 밀리미터 수준까지만 키를 잴 수 있는 것이다. 여기에 줄자를 팽팽하게 잡지 못하거나 아이의 머리 높이에 시선을 정확히 맞춰 측정하지 않으면 1~2센티미터 정도의 오차는 쉽게 생긴다.

그러나 하이젠베르크의 불확정성은 이런 측정 차원의 오류가 아니다. 그의 주장은 완전히 다르다. 사용하는 장비가 아무리 정확해도 운동량과 위치를 동시에 정확히 알 수 없다는 것이다. 하나의 값을 고정하면 다른 값은 더욱 불확실해진다.

사고실험

하이젠베르크는 원자 속 입자인 중성자의 운동을 측정하는 실험을 상상했다. 레이더를 입자에 쏘면 입자로부터 튕겨 나오는 전자기파를 이용해 입자의 경로를 추적할 수 있다. 정확성을 최대로 높이기 위해 전자기파는 파장이 매우 짧은 감마선을 선택한다. 그러나 감마선의 파동—입자 이중성 때문에 중성자를 때리는 감마선 빔은 마치 연속 사격된 빛알 총알같이 행동할 것이다. 감마선은 진동수가 매우 크기 때문에 감마선의 빛알은 엄청난 에너지를 전달하게 된다. 크고 무거운 감마선 빛알이 중성자를 때리면, 중성자는 크게 한 대 얻어맞고 속도가 바뀌게 된다. 따라서 그 순간의 중성자의 위치를 알고 있었다 하더라도 속도는 예측할 수 없게 바뀌어 버린다.

만일 에너지가 낮은 부드러운 빛을 사용해 속도의 변화를 최소화한다면, 빛의 파장이 길어져 위치를 측정할 수 있는 정확도가 떨어지게 된다. 실험을 아무리 적합하게 꾸며도 입자의 위치와 속도를 동시에 알 수는 없다. 원자계에 대해서 파악할 수 있는 내용에는 근본적으로 한계가 있는 것이다.

하이젠베르크는 곧 불확정성 원리가 암시하는 바가 심오하다는 사실을 깨달았다. 움직이는 입자를 상상해보자. 우리가 알 수 있는 내용

베르너 하이젠베르크 (1901~1976)

하이젠베르크는 독일 뮌헨에서 자랐고 산을 좋아했다. 제1차 세계대전 중에 10대 시절을 보낸 그는 낙농장에서 일하며 여가 시간에 수학책을 읽거나 체스를 즐겼다. 뮌헨 대학교에서 이론물리를 공부했고 남들보다 일찍 박사학위를 받았다. 하이젠베르크는 불과 25세 나이에 라이프치히에서 교수가 되었다. 이후 뮌헨과 괴팅겐에서 연구했고, 코펜하겐에서 보어와 아인슈타인을 만났다. 1925년 그는 행렬역학을 창안했고 1932년 노벨상을 받았다. 그의 불확정성 원리는 1927년 완성되었다. 제2차 세계대전 중에 하이젠베르크는 독일의 핵무기 프로젝트를 이끌었지만, 끝내 폭탄은 완성시키지 못했다. 그가 고의로 프로젝트를 지연시켰는지 아니면 자원이 부족했는지 그 진실은 여전히 논란거리이다.

에는 기본적으로 제약이 있기 때문에, 측정으로 입자를 구속하기 전 입자의 과거 움직임에 관해서는 설명할 수 없다. 하이젠베르크의 말을 빌자면, '경로는 우리가 입자를 관찰하는 순간에만 존재한다.' 또한 입자의 속도와 위치를 알 수 없기 때문에 입자의 미래 경로도 예측할 수 없다. 입자의 과거와 미래가 모두 불투명해지는 것이다.

추월당한 뉴턴

이렇게 예측 불가능한 세계는 실체에 대한 물리학자들의 해석과 충돌했다. 양자역학이 서술하는 세계는 실험을 통해 운동과 특성을 입증할 수 있는 독립적이고 뚜렷한 실체들로 채워진 우주가 아니라, 오로지 관찰자의 관측에 의해 결정되는 확률의 소용돌이로 가득 찬 공간이었다.

여기에는 원인도 결과도 없고 오로지 확률뿐이다. 많은 물리학자들은 이러한 개념을 받아들이기를 어려워했고, 아인슈타인은 끝내 용납하지 않았다. 그러나 실험과 수학은 우리에게 그렇다고 말하고 있었다. 물리학은 실험실을 벗어나 추상의 영역으로 들어가게 되었다.

1927 하이젠베르크, 불확정성 원리 발표.

16 코펜하겐 해석The Copenhagen interpretation

양자역학의 의미를 이해하려는 탐구는 1927년 초부터 시작되었다. 물리학자들은 두 진영으로 나뉘었다. 하이젠베르크와 동료들은 행렬 역학에서 서술된 전자기파와 물질의 입자적 특성이 그 무엇보다도 중요하다고 믿었다. 슈뢰딩거의 추종자들은 파동의 물리학이 양자 작용의 바탕에 깔려 있다고 주장했다.

하이젠베르크는 불확정성 원리에 따라 우리의 이해에 기본적으로 제약이 있다는 사실도 밝혔다. 그는 원자 속 입자들의 운동을 설명하는 변수들은 모두 본질적으로 불확실하기 때문에, 관찰에 의해 고정시키기 전까지는 과거와 미래는 모두 알 수 없는 대상이라고 생각했다.

모든 걸 조화롭게 결합시키려 노력했던 사람은 또 있었다. 보어는 코펜하겐 대학교 이론물리학센터의 수장이었고, 10년 전 수소 원자 전자의 양자 에너지 상태를 설명했던 과학자였다. 1927년 불확정성 원리를 발표할 당시 하이젠베르크는 코펜하겐 대학교 이론물리학센터 소속이었다. 어느 날 보어가 스키 여행에서 돌아왔을 때, 사무실 책상 위에 하이젠베르크의 초고와 아인슈타인에게 전달해달라는 메모가 놓여 있는 것을 발견했다.

보어는 하이젠베르크의 아이디어에 흥미를 느꼈지만, 아인슈타인에게 전달할 때에는 하이젠베르크의 감마선 현미경 사고실험에 물질의 파동 특성을 고려하지 않은 결함이 있다고 불평했다. 하이젠베르크는 빛 파동의 산란을 추가해 내용을 수정했지만, 결론은 여전히 확고했다. 불확정성은 양자역학의 내재된 특성이었다. 그런데 실제로는 무슨 일이 일어나고 있는 것일까?

영원히 회전하는 동전

보어는 실제 물체의 파동과 입자로서의 특성은 마치 동전의 양면처럼 '상호보완적인' 특징이라고 보았다. 동일한 흑백 패턴을 보면서 꽃병 또는 마주보는 두 얼굴이라는 서로 다른 이미지로 인식하는 것과 비슷한 이치다.

진짜 전자, 양성자, 중성자는 입자도 파동도 아닌 그 둘의 합성이다. 실체의 특성은 오직 실험자가 개입해 측정할 특성을 선택할 때에만 나타난다. 빛이 빛알 또는 전자기파로 행동하는 것처럼 보이는 이유는 우리가 찾는 것이 바로 그것이기 때문이다. 실험자는 실험을 함으로써 오염되지 않은 깨끗한 계를 방해하기 때문에, 우리가 자연에 대하여 알 수 있는 것에는 한계가 있다고 보어는 주장했다. 하이젠베르크가 주장한 대로 관찰 행위는 불확실성을 발생시킨다. 이러한 일련의 생각은 양자역학에서 '코펜하겐 해석'이라고 불리게 되었다.

보어는 원자 속 입자의 위치와 운동량을 동시에 측정할 수 없다는 불확정성 원리가 핵심적인 개념이라는 사실을 깨달았다. 일단 하나의 특징을 정확히 측정하면, 다른 특징은 불확실해지게 된다. 하이젠베르크는 불확정성이 측정 과정 그 자체의 역학으로 인해 발생한다고 믿었다. 물리량을 측정하기 위해서는 측정 대상과 상호작용을 해야 한다. 예를 들어 입자의 운동을 검출하기 위해서는 빛알이 입자에 맞고 튕겨 나와야 한다. 이러한 상호작용이 계를 바꾸고 이후의 입자의 상태는

닐스 보어 (1885~1962)

보어가 세운 코펜히겐 대학교 이론물리학센터는 양자이론 연구의 심장부였다. 하이젠베르크부터 아인슈타인까지, 당시 최고의 물리학자들은 모두 이곳을 정기적으로 방문했다. 보어는 코펜하겐 대학교에서 물리학 박사학위를 받고 영국에서 지내다 돌아와 이 연구소를 개설했다.

케임브리지에서 전자를 발견한 물리학자 톰슨과 의견 충돌을 겪고 핵의 선구자였던 러더퍼드와 맨체스터에서 함께 연구한 이후, 보어는 1916년 덴마크로 돌아와 원자에 관한 자신만의 아이디어를 추구했다. 이 연구 결과로 1922년 노벨상을 받았다.

1930년대 히틀러가 독일에서 세력을 키워가자, 과학자들은 덴마크 코펜하겐으로 모여들었다. 1943년 덴마크마저 점령당하자, 보어는 낚싯배를 타고 스웨덴을 거쳐 영국으로 피신했다. 그곳에서 그는 영국의 전쟁에 동참하게 되었다. 보어는 로스앨러모스로 가 맨해튼 프로젝트의 자문을 맡았지만, 동시에 핵무기에 반대하는 캠페인을 벌였다.

불확실해진다는 점을 하이젠베르크는 깨달은 것이다.

분리되지 않은 관찰자

보어의 생각은 전혀 달랐다. 그는 관찰자도 측정하는 계의 일부라고 주장했다. 측정 장치를 포함시키지 않고 측정 대상을 논하는 것은 말이 되지 않는다. 입자를 추적하려면 빛알을 그렇게 퍼부어대야 하는데, 어떻게 입자가 외떨어져 존재한다고 가정하고 입자의 운동을 기술할 수 있단 말인가? 보어는 심지어 '관찰자'라는 표현도 잘못되었다고 주장했다. 관찰자라고 하면 외부의 객체를 연상시키기 때문이다. 관찰 행위는 스위치처럼 계의 최종 상태를 결정하는 것이며, 그

대응 원리

양자계와 인간 세상의 경험을 아우르는 일반계 사이를 잇기 위해, 보어는 '대응 원리'라는 개념을 소개했다. 우리가 익숙하게 받아들이는, 뉴턴 물리학이 적용되는 거대 시스템에서는 양자 작용이 사라져야 한다는 것이다.

순간이 되기 전까지는 계가 어떤 상태에 있을 확률만을 말할 수 있을 뿐이다.

우리가 측정을 하면 무슨 일이 일어날까? 왜 빛 앞에 2개의 슬릿을 갖다 놓으면 파동처럼 통과하며 간섭을 일으키고, 또 빛알을 포착하려 단일 슬릿 앞에 검출기를 달면 입자처럼 행동하는 것일까? 보어의 주장에 따르면 우리가 빛을 어떻게 측정할지 결정함에 따라 빛이 어떤 모습을 취할지를 미리 선택한다는 것이다.

우리가 알 수 있는 것

여기에서 보어는 슈뢰딩거의 방정식과 '파동함수' 개념에 의존한다. 여기에는 우리가 입자에 대해 알 수 있는 모든 것이 담겨 있다. 측정 대상의 특징이 관찰 행위에 의해 입자 또는 파동으로 고정되어 있을 때, 우리는 파동함수가 '붕괴되었다'고 말한다. 모든 확률은 하나의 값만을 남기고 사라진다. 단지 결과만 남는 것이다. 따라서 빛줄기의 파동함수에는 빛이 파동으로 행동할 확률과 입자로 행동할 확률이 섞여 있다. 우리가 빛을 검출하면 파동함수는 붕괴되어 하나의 형태만 남기는데, 그 이유는 빛이 스스로의 특징을 바꿔서가 아니라 빛이 정말로 그 둘 다이기 때문이다.

하이젠베르크는 처음에는 보어의 아이디어를 거부했고, 원래 생각대로 입자와 에너지 도약에 매달렸다. 두 사람은 사이가 멀어졌다. 하이젠베르크는 보어와 논쟁을 벌이다 어느 순간 울분을 터뜨리기도 했다. 젊은 학자의 경력에 드리운 위기는 매우 컸다.

1927년 하이젠베르크가 라이프치히 대학교에서 교수 자리를 얻으면서 상황이 나아졌다. 보어는 이탈리아의 학회에서 상보성에 관한 아이디어를 발표하여 큰 찬사를 얻었고 수많은 물리학자들이 이를 받아들였다. 10월이 되자 하이젠베르크와 보어는 완전히 감정을 풀고 양자역학에 대해 이야기를 나누게 되었다.

보어의 이론에 모두가 동의한 것은 아니었다. 특히 아인슈타인과 슈뢰딩거는 죽는 날까지 확신을 갖지 못했다. 아인슈타인은 입자들이 정확히 측정될 수 있다고 믿었고, 실존하는 입자들이 확률의 지배를 받는다는 생각을 불편하게 여겼다. 아인슈타인은 더 개선된 이론

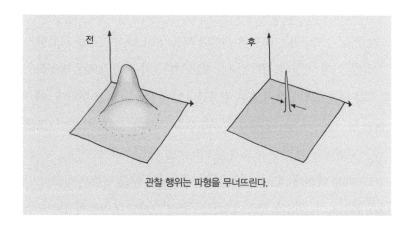

관찰 행위는 파형을 무너뜨린다.

이 나오면 이런 가설이 필요하지 않을 것이라고 주장했다. 양자역학은 아직 불완전한 것이었다.

오늘날에도 물리학자들은 양자역학의 심오한 의미를 이해하기 위해 애쓰고 있다. 간혹 새로운 견해를 제시하려는 이들도 있지만, 보어의 주장을 뒤집을 이론은 아직 나오지 않았다.

―――――――

1927 보어, 코펜하겐 해석 제안.

17 슈뢰딩거의 고양이 Schrödinger's cat

1927년에 보어가 제안한 코펜하겐 해석에 수많은 물리학자들이 열광했다. 그러나 파동함수 접근법의 열성팬들은 이에 동참하지 않았다. 슈뢰딩거와 아인슈타인도 그랬다.

1935년, 슈뢰딩거는 보어의 애매한 확률 양자 세계 이론을 조롱하기 위해 한 가지 가상의 시나리오를 발표한다. 이 시나리오는 파동함수 붕괴와 관찰자의 영향이 갖는 비직관적인 특징을 표현한 것이다. 아인슈타인도 장거리 상관관계가 부적절함을 암시하는 아인슈타인-포돌스키-로젠 패러독스 논문을 통해 이와 비슷한 행동을 취했다.

코펜하겐 해석에 따르면, 양자계는 결정되지 않은 어두운 상태로 있다가 관찰자가 들어와 전등 스위치를 켜면 그제야 관찰자의 실험으로 무엇을 측정할지가 결정된다. 빛은 우리가 어떤 형태를 실험할지를 결정하기 전까지는 입자인 동시에 파동이고, 우리가 마음을 정한 이후에 그중 한 가지 형태를 정한다.

슈뢰딩거는 원자의 파동 기반 이론을 개발하려 했기 때문에, 무언가 보이지 않는 것이 가능한 모든 형태로 '존재한다'는 아이디어가 마음에 들지 않았다. 냉장고 안에 치즈, 셀러리, 우유가 있는지 보려고 문을 열었는데, 그 안에 초콜릿과 달걀이 있었다는 사실이 밝혀지는 게 정말로 수학적인 난제가 되는 것일까?

양자적 확률은 분명 큰 규모에서는 말이 되지 않는다. 슈뢰딩거는 이러한 작용을 표현하기 위해 사고실험을 논문으로 발표했고, 감정적으로 몰입하기 쉬운 고양이를 등장시켰다.

양자 연옥

슈뢰딩거가 생각한 내용은 다음과 같다. 강철 상자 안에 고양이 한 마리가 갇혀 있다. 상자 안에는 고양이와 함께 '끔찍한 장치'도 들어있다. 맹독성인 시안화수소산이 들어 있는 플라스크인데, 방사성 원자가 붕괴하면 산산이 부서지게 되어 있다. 고양이의 운명은 원자가 붕괴하느냐 마느냐의 확률에 달려 있다.

'만일 이 전체 계를 건드리지 않고 1시간 동안 놔두면, 고양이는 원자가 붕괴하지 않은 동안에는 여전히 살아 있다고 말할 수 있다. 첫 번째 원자 붕괴가 일어나면 고양이는 독살당한다.' 슈뢰딩거는 이렇게 적었다. 이 우울한 실험 장치를 1시간 후 열었을 때, 고양이가 살아 있을 확률과 죽어 있을 확률은 50대 50이다.

양자역학에 관한 코펜하겐 해석에 따르면, 상자가 닫혀 있는 동안 고양이는 뒤섞인 상태, 즉 살아 있는 동시에 죽어 있는 상태로 존재한다. 상자가 열리는 순간에야 고양이의 운명이 결정된다. 이는 마치 빛알이 파동인 동시에 입자이다가 관찰자가 어떻게 측정할지 선택하는 순간 파동함수가 붕괴되고 한 가지 특성만 선택되는 것과 같다.

슈뢰딩거는 이러한 추상적인 설명이 고양이 같은 실제 동물에게는 말이 되지 않는다고 주장했다. 고양이는 분명히 살아 있거나 죽어 있지, 그 두 상태가 혼합된 형태로 존재하지 않는다는 것이다. 그는 보어의 해석이 더 깊은 차원의 현상을 논하기에 편리한 속기법에 불과하다고 생각했다. 우주는 알 수 없는 방식으로 작용하고 있고, 우리는 어느 한 순간 전체 그림의 일부만을 목격할 뿐이다.

아인슈타인 역시 코펜하겐 해석이 터무니없다고 생각했다. 코펜하겐 해석은 더 많은 문제를 낳는다. 관찰은 어떻게 파동함수를 붕괴시키는 원인이 되는가? 누가 또는 무엇이 관찰을 할 수 있는가? 관찰자는 항상 사람이어야 하는가? 아니면 지적인 존재는 누구라도 관찰자가 될 수 있는가? 고양이가 스스로를 관찰할 수는 없을까? 여기에 지성이 꼭 필요한 것인가? 고양이가 결과에 영향을 주기 위해 붕괴하는 입자의 파동함수를 직접 무너뜨릴 수 있을까? 그렇다면, 우주 안의 존재들은 어떻게 존재할 수 있는가? 최초의 별, 최초의 은하계를 관찰한 사람은 누구였을까? 그게 아니면 생명이 지속되는 동안 정말로 양자적 진퇴양난에 갇힌 것일까? 수수께끼는 끝이 없었다.

코펜하겐 해석의 논리를 끝까지 쫓아가다 보면, 우주에 존재하는 그 무엇도 이런 식으로는 존재하지 못한다. 이 견해는 뉴턴과 동시대

에르빈 슈뢰딩거 (1887~1961)

슈뢰딩거는 비엔나에서 식물학자의 아들로 태어났다. 대학에서는 이론물리를 전공했지만, 시와 철학에도 관심이 있었다. 제1차 세계대전 중에 그는 오스트리아 포병대원으로 이탈리아에서 복무했고, 최전선에 있는 동안에도 물리 연구를 계속했다.

전쟁이 끝난 후 슈뢰딩거는 다시 연구를 이어갔고, 취리히 대학교와 베를린 대학교 등 여러 대학교에 몸담았다. 그러나 나치가 세력을 키워가자 독일을 떠나 옥스퍼드로 자리를 옮기기로 결심한다. 1933년 영국에 도착하자마자 그는 디랙과 함께 양자역학에서 세운 공로를 인정받아 노벨상을 받게 되었다는 소식을 접한다. 1936년 오스트리아의 그라츠로 돌아왔지만, 또다시 정치적 상황이 그를 덮쳤다. 그는 나치를 비판한 후 일자리를 잃었고, 결국 더블린의 고등연구소로 자리를 옮겨 은퇴할 때까지 그곳에 있었다. 슈뢰딩거의 개인사는 복잡했다. 수많은 애인을 두었고 대부분은 아내가 아는 사람이었다. 그리고 다른 여인들에게서 여러 명의 아이를 낳았다.

에 살았던 철학자 조지 버클리의 철학을 연상시킨다. 버클리는 외부 세계 전체가 단순히 우리의 상상력의 일부라고 제시했다. 우리 외부에 무언가가 존재한다는 증거는 전혀 찾을 수 없으며, 우리가 알거나 감각으로 느끼는 것은 모두 우리의 마음속에 포함된 것이라는 주장이었다.

다중세계

측정이 어떻게 결과를 굳히는지에 관한 문제는 1957년 휴 에버렛이 제시한 참신한 아이디어로 인해 다시 도마에 올랐다. 그는 관찰이 조건을 무너뜨리는 대신 조건들을 잘라내 일련의 평행우주로 나뉘게 한다고 주장했다.

그의 '다중세계' 가설에 따르면, 우리가 빛알의 특징을 파악할 때마다 우주는 둘로 나뉜다. 한 우주에서는 빛은 파동이고, 다른 우주에서는 입자다. 한 우주에서 상자를 열었을 때 고양이는 살아 있으며, 여차원complementary dimension에서 고양이는 방사능 독에 의해 죽어 있다.

모든 측면에서 우주의 두 갈래는 동일하다. 따라서 관측을 할 때마다 새로운 세계와 수많은 가지들이 만들어진다. 우주의 역사에서 무기한으로, 아마도 무한한 수의 평행우주가 만들어질 수 있다.

에버렛의 평행우주 이론은 처음에는 무시당하다가 대중을 위한 물리학 논문을 통해 주목을 받았고, 그 매력에 사로잡힌 과학소설의 팬들이 이에 열광했다. 그러나 그의 이론은 현대식 변형인 '다중우주론'과 거의 일치한다. 일부 물리학자들은 왜 우리 우주가 이렇게 쾌적한 환경인지를 설명할 때 다중우주론을 사용한다. 다중우주론에 따르면 사람이 살 수 없는 척박한 우주들은 어딘가 다른 곳에 모여 있다는 것이다.

1935 슈뢰딩거, 고양이 시나리오 발표.

18 EPR 패러독스 The EPR paradox

1927년 보어가 내놓은 양자역학의 코펜하겐 해석은 측정 행위가 양자계에 영향을 미쳐 이후 관찰 대상의 특징을 선택하는 원인이 된다고 설명한다. 빛이 파동으로서의 특성과 입자로서의 특성을 언제 나타내야 하는지를 아는 까닭은 실질적으로 실험자가 빛에게 어떻게 할지를 알려주기 때문이라는 것이다.

아인슈타인은 이 논리가 말도 안 된다고 생각했다. 보어의 아이디어는 양자계가 실제로 관측될 때까지 연옥 같은 어중간한 상태에 머물러 있다는 것을 의미했다. 측정을 통해 양자계가 어떤 상태인지 알기 전까지, 양자계는 모든 가능한 상태의 확률이 뒤섞인 상태로 존재한다. 아인슈타인은 이러한 중첩이 비현실적이라고 주장했다. 입자는 우리가 거기 서서 지켜보거나 말거나 존재하고 있지 않은가.

아인슈타인은 우주 안의 모든 것은 그만의 이유로 존재한다고 믿었고, 양자역학의 불확정성은 이론 자체와 이론에 대한 우리의 해석에 오류가 있음을 드러내는 것이라 생각했다. 코펜하겐 해석의 허점을 공략하기 위해, 아인슈타인은 동료인 보리스 포돌스키와 네이선 로젠과 함께 가상실험에 착수했고 이 내용을 1935년 논문으로 발표했다. 이를 아인슈타인-포돌스키-로젠 패러독스, 또는 EPR 패러독스라고 한다.

입자를 하나 가정해보자. 이 입자를 원자의 핵이라고 할 수도 있다. 입자는 붕괴하여 2개의 작은 입자로 쪼개진다. 에너지 보존 법칙에 따르면 원래 모母입자가 정지 상태였으므로, 두 딸입자는 크기는 같고 방향이 반대인 선운동량과 각운동량을 가져야 한다. 튀어나오는 입자들은 서로 멀어지는 방향으로 날아가고 반대 방향의 스핀 값을 갖는다.

이 두 딸입자는 다른 양자적 특성도 서로 연결되어 있다. 만일 한 입자의 스핀 방향을 측정하면, 그 순간 다른 입자의 스핀 상태도 알 수 있다. 양자 규칙에 따라 두 입자는 서로 반대 방향의 스핀을 가져야 하기 때문이다. 두 입자 중 어느 한쪽이 다른 입자와 상호작용을 하여 신호가 바뀌지 않는 한 이 사실은 항상 참이며, 입자들이 얼마나 떨어져 있든 시간이 얼마나 흐르든 전혀 영향을 미치지 못한다.

코펜하겐 해석의 표현대로라면, 두 딸입자는 처음에는 일어날 수 있는 모든 가능한 결과의 중첩 상태로 존재한다. 즉 이 두 입자가 가질 수 있는 모든 속도와 회전 방향의 확률이 혼합된 상태다. 우리가 한 입자를 측정하는 순간, 두 입자에 대한 파동함수의 확률은 무너져서 하나의 결과를 남기게 된다.

아인슈타인, 포돌스키, 로젠은 이것이 말이 되지 않는다고 주장했다. 아인슈타인은 어떠한 것도 빛보다 빨리 이동할 수 없다고 알고 있었다. 그런데 어떻게 저 멀리에, 어쩌면 우주 반대편에 있을 수도 있는 입자에게 순간적으로 신호를 보낼 수가 있단 말인가? 코펜하겐 해석은 틀린 것일 수밖에 없다. 훗날 슈뢰딩거는 이러한 먼 거리에서의 기이한 행동을 서술할 때 '얽힘entanglement'이라는 용어를 사용했다.

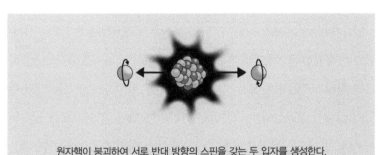

원자핵이 붕괴하여 서로 반대 방향의 스핀을 갖는 두 입자를 생성한다.

얽힘

아인슈타인은 '국소적 실체local reality'를 믿었다. 즉 이 세상의 모든 것은 우리와는 독립적으로 존재하며, 모든 신호는 빛의 속도를 넘지 않는 속도로 정보를 전달한다는 것이다. 사고실험의 두 입자는 분리되는 순간 자신이 어떤 상태인지 알아야 한다고 그는 생각했다. 입자들은 먼 거리에서 동시에 상태를 스위칭하는 것이 아니라 정보를 가지고 다닌다는 것이다.

그러나 아인슈타인이 틀렸다. 그의 아이디어는 합리적인 것 같고 우리가 일상에서 경험하는 것과 일치한다. 그러나 이후 수십 년간 수많은 양자 실험을 거치며 그의 아이디어에 오류가 있음이 밝혀졌다. '먼 거리에서의 유령 작용'은 실제로 일어나고, 한 쌍의 입자들은 공간을 넘어 빛보다 빠른 속도로 서로 '이야기를 나누는' 것처럼 행동한다. 오늘날 물리학자들은 2개 이상의 입자의 양자 특성을 얽히게 만들어 수십 킬로미터가 넘는 거리만큼 떨어뜨려놓고 입자들의 상태가 함께 스위칭되는 것까지 목격했다.

먼 거리에서의 양자 신호 전송이 가능해지자 새로운 형태의 원거리 통신에 대한 여러 응용이 시작되었고, 그중에는 우주 너머로 인스턴트 메시지를 보내는 프로젝트도 포함되어 있다. 또한 양자컴퓨터의 가능성도 부상하고 있다. 양자컴퓨터는 메모리 전체에 걸쳐 여러 연산을 동시에 수행할 수 있다.

양자 정보의 단위는 '양자 비트quantum bit' 또는 줄여서 '큐비트qubit'라고 부른다. 일반적인 컴퓨터에서는 메시지를 길게 늘어놓은 0과 1의 2진 코드로 변환하지만, 큐비트는 두 가지 양자상태 중 하나를 선택하는 방식이다. 하지만 큐비트의 더 놀라운 장점은 두 상태가 혼합된 상태로 존재할 수 있다는 점이다. 따라서 상상 이상의 처리 속도로 연산을 수행할 수 있다.

양자 신호가 이런 놀라운 능력을 가질 수 있는 것은 불확실성 때문이지만, 불확실성 때문에 정보의 완전한 세트를 전송할 수 없다는 한계도 존재한다. 하이젠베르크의 불확정성 원리에 의해 우리가 알 수 있는 것에는 어디엔가 틈이 있게 마련이다. 따라서 과학 소설에서 보아온 인간의 순간이동 같은 것은 불가능하다.

원거리 작용

원자를 전송하는 일은 앞으로도 영영 불가능하겠지만, 양자 전송을 이용하면 공간을 뛰어넘어 정보를 전달하는 것은 가능하다. 만일 두 사람이(물리학자들은 흔히 이 둘을 앨리스와 밥이라고 부른다) 얽힌 입자 한 쌍을 하나씩 나눠 들고 있다면, 입자에 관한 특정한 측정을 통해 큐비트를 전달할 수 있다.

먼저, 앨리스와 밥은 짝지어진 2개의 빛알을 구한 후 서로 하나씩 나눠 들고 먼 길을 떠난다. 앨리스가 가지고 있는 큐비트의 상태를 밥에게 알리고 싶어 한다고 하자. 설령 앨리스가 들고 있는 큐비트의 상태를 모른다고 해도, 앨리스는 밥이 가지고 있는 빛알에 영향을 미침으로써 메시지를 전달할 수 있다. 그 방법은 앨리스가 자신이 들고 있는 빛알을 측정하여 파괴하는 것이다. 그러면 밥의 빛알이 앨리스의 빛알의 상태를 넘겨받는다. 밥은 자신의 빛알을 측정하여 정보를 추출할 수 있다.

실제로는 어딘가로 옮겨진 것은 아무것도 없기 때문에, 물질의 순간이동 같은 것은 일어나지 않는다. 빛알을 처음 나눠 가질 때 말고는 두 정보 전달자 사이의 직접적인 통신도 없다. 다만 앨리스의 원래 메시지가 전송 과정에서 파괴되고 그 내용이 다른 곳에서 다시 생성되는 것이다.

얽힌 입자는 암호화된 메시지를 원하는 수신자만이 읽을 수 있도록 전송할 때에도 사용될 수 있다. 감청자가 끼어들면 얽힘의 순도를 깨뜨리게 되어 메시지를 영원히 망가뜨린다.

얽힘에 대한 아인슈타인의 불편한 감정은 당연한 것이었다. 양자적 연결이 거미줄처럼 뻗어 있는 우주와, 몇 개인지도 모를 입자들이 저 멀리에 있는 쌍둥이 입자들과 대화를 나누는 모습을 상상하기란 어려운 일이다. 그러나 그것이 우주의 실체다. 우주는 거대한 하나의 양자계다.

1935 아인슈타인·포돌스키·로젠, EPR 패러독스 발표.

19 양자 터널링 Quantum tunnelling

벽을 향해 테니스공을 던지면 누구나 공이 튕겨 나올 것이라고 예상할 것이다. 그런데 만일 공이 벽을 맞고 튕겨 나오는 대신 벽 너머에서 나타난다고 상상해보자. 원자 세상에서는 양자역학의 규칙에 따라 이런 일이 일어날 수 있다.

슈뢰딩거 방정식의 파동함수 안에서는 입자, 분자, 심지어는 고양이까지도 파동으로 기술할 수 있기 때문에 넓은 범위에 펼쳐져 있을 가능성이 있다. 전자를 예로 들면, 전자는 핵 주위를 행성처럼 회전하는 것이 아니라 전체 궤도 껍질 위에 퍼져 있다. 전자를 입자로 생각한다면, 전자는 특정 확률을 가지고 그 영역 안의 어느 곳에서든 존재할 수 있다. 가능할 것 같지는 않지만, 전자가 주인 원자에게서 탈출하여 뛰쳐나올 수도 있다.

양자 터널링Quantum tunnelling은 양자 세계에서 입자가 에너지의 장벽을 뛰어넘는 현상을 말하며, 이를 고전적 그림에서 해석하는 것은 불가능하다. 이는 마치 말이 달리다가 눈앞의 어마어마하게 높은 벽을 그대로 통과하는 것과 비슷하다. 그 이유는 말의 파동함수가 울타리 너머에도 존재하기 때문이다. 터널링을 통한 에너지 장벽의 극복은 우리 태양과 다른 별들 내부에서 일어나는 핵융합 과정에서 중요한 역할을 하며, 전자공학과 광학에서 응용되기도 한다.

방사성 붕괴

물리학자들은 방사성 원자가 어떻게 붕괴하는지를 알아내려다가 양자 터널링을 발견했다. 불안정한 핵이 쪼개지면서 정확히 언제 방사선 덩어리를 방출할지 예측하는 건 불가능하지만, 수많은 핵에 대해 평균을 내면 붕괴의 확률은 알 수 있다. 이렇게 원자가 붕괴하여 대략 반 정도가 남을 때까지의 기간을 '반감기'라고 한다. 보다 전문적으로 말하자면 반감기란 원자가 완전히 붕괴할 확률이 50퍼센트가 되는 시간을 말한다.

1926년 프리드리히 훈트는 양자 터널링 개념을 떠올렸고, 이를 이용하여 알파붕괴를 설명했다. 폴로늄–212를 예로 들어보자. 이 원소의 반감기는 0.3마이크로초로, 알파입자(2개의 양성자와 2개의 중성자)를 손쉽게 방출한다. 폴로늄–212에서 나온 알파입자의 에너지는 약 9MeV(메가전자볼트)다. 그러나 고전물리학 법칙에 따르면 알파입자가 핵의 결합에너지를 탈출하기 위해서는 26MeV가 필요하다. 따라서 알파입자가 폴로늄에서 튀어나오는 것이 아예 불가능하지만, 실제로는 그런 일이 일어나고 있다. 이게 어찌 된 영문일까?

양자역학의 불확정성 때문에, 알파입자가 폴로늄 원자를 탈출할 확률은 아주 낮지만 0이 아니다. 알파입자는 높은 에너지 장벽을 뛰어넘을 능력, 즉 양자 터널링을 할 수 있는 능력이 있는 것이다. 이런 일이 벌어질 확률은 슈뢰딩거의 파동방정식을 이용해 파동함수를 원자 너머로 확장하면 계산할 수 있다. 보른은 터널링이 양자역학의 일반적

프리드리히 훈트 (1896~1997)

훈트는 독일의 소도시 카를스루에에서 성장했다. 그는 마르부르크와 괴팅겐에서 수학, 물리학, 지리학을 공부했고, 1957년 괴팅겐 대학교에 자리를 잡았다. 훈트는 코펜하겐의 보어를 정기적으로 만났고 슈뢰딩거와 하이젠베르크의 동료로 일했다. 또한 보른과 함께 이원자분자(예: 수소분자) 스펙트럼의 양자 해석을 연구했다. 1926년에는 양자 터널링 현상을 발견했다. 전자껍질을 채우는 훈트의 규칙은 여전히 물리학과 화학에서 널리 사용되고 있다.

특성이며 핵물리학의 제약을 받지 않는다는 사실을 깨달았다.

양자 터널링을 어떻게 상상할 수 있을까? 핵이 잡아당기는 알파입자를 우묵한 골을 구르는 공이라고 생각해보자. 만일 공이 가진 에너지가 적으면 입자는 앞뒤로 구르지만 골 밖으로 나갈 수 없다. 공이 충분한 에너지를 얻으면 언덕 위까지 굴러 올라가 마침내 골을 탈출한다. 이것이 고전역학이 그린 그림이었다.

양자 세계에서는 알파입자도 파동으로서의 확률을 갖는다. 또한 이 확률은 확산될 수 있다. 슈뢰딩거의 파동방정식에 따르면 입자의 특성은 파동함수로 표현할 수 있으며, 그 모양은 사인파와 대략 비슷하다. 파동함수는 연속적이어야 하고, 대부분의 경우 입자가 원자 안에 존재할 가능성이 가장 높다는 사실을 반영한다. 그러나 입자가 핵전하의 굴레를 탈출할 수 있는 확률도 아주 작게나마 존재한다. 따라서 소량의 입자가 새어나가기도 한다.

이를 수학적으로 표현해보면, 에너지 장벽 안쪽 골짜기에서 사인 파형이던 파동함수는 장벽에 도달하면 에너지 장벽을 뚫고 바깥까지 이

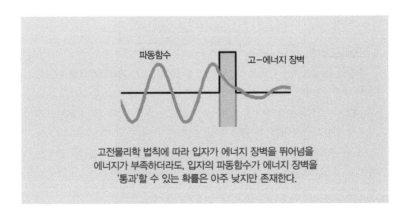

고전물리학 법칙에 따라 입자가 에너지 장벽을 뛰어넘을
에너지가 부족하더라도, 입자의 파동함수가 에너지 장벽을
'통과'할 수 있는 확률은 아주 낮지만 존재한다.

어진다. 장벽을 통과해 뻗어나가는 파동함수는 세기가 꾸준히 감소한다. 따라서 두꺼운 에너지 장벽을 넘는 것은 매우 어렵지만 뚫고 나가는 게 전혀 불가능하지는 않다. 그리고 장벽에서 멀어져가면서 다시 구불구불한 사인 파형의 특성을 되찾아간다. 알파입자가 핵을 탈출할 확률은 골짜기 내부에 대하여 장벽에서 멀리 떨어진 지점의 파동함수의 크기를 상대적으로 계산하여 알아낼 수 있다.

스러지는 파동

이와 관련된 현상 덕분에 빛은 거울 너머까지 에너지를 확산시킬 수 있다. 거울 표면을 스치며 완전히 반사되는 빛줄기를 맥스웰의 전자기파 방정식으로 표현하면, 극소량의 에너지가 거울 너머에도 존재한다. 이를 스러지는 파동evanescent wave이라고 한다.

스러지는 파동의 강도는 지수함수적으로 감소하게 된다. 그러나 첫 번째 거울 근처에 동일한 재질로 제작된 거울을 놓으면 에너지 중 일부가 두 번째 거울 너머로 투과된다. 마치 변압기의 유도 코일에 자기 에너지가 전달되는 것과 비슷하다. 이러한 커플링 기술의 원리는 일부 광학기기에서 응용되고 있다.

터널링은 전자공학에서도 유용하다. 터널링 현상을 이용해 전자가 반도체와 초전도체를 나란히 붙여놓은 장벽을 뛰어넘도록 제어할 수 있다. 예를 들어 터널 접합tunnel junction은 2개의 전도성 물질 사이에 부도체를 샌드위치처럼 끼워 만든다. 그러면 소량의 전자가 부도체 장벽을 통과해 한쪽에서 다른 쪽으로 도약할 수 있다. 다이오드와 트랜지스터 종류 중에는 전압 제어용으로 터널링 현상을 활용하는 제품도 있다. 그 원리는 소리 높낮이 조절과 비슷하다.

주사형 터널 현미경(STM)scanning tunnelling microscope은 터널링 원리를 이용해 물질의 표면을 원자 규모까지 상세히 형상화한다. STM의 원리는 간단하다. 먼저 관찰 대상의 표면에 대전된 바늘을 가까이 가져다댄다. 그러면 소량의 전자가 바늘에서 관찰 대상의 표면으로 양자 터널링을 일으키고, 이렇게 흐르는 미세한 전류의 세기를 측정해 대상 물질과 바늘 사이의 거리를 알 수 있다. STM의 정확도는 원자 지름의 1퍼센트 이내로 매우 정확하다.

1896 앙리 베크렐, 방사능 발견.
1926 훈트, 양자 터널링 개념 제안.
1928 조지 가모브와 동료, 양자 터널링을 알파붕괴에 적용.
1957 고체에서 전자의 터널링 현상이 관측.

20 핵분열 Nuclear fission

1920년대와 30년대에 물리학자들은 전자를 넘어 원자핵을 탐구하기 시작했다. 방사능은 우라늄이나 폴로늄 같은 거대 원자핵이 쪼개지면서 더 작은 구성 물질을 내뿜는 능력으로, 이 현상은 이미 잘 알려져 있었다. 그러나 방사능의 원리는 불분명했다.

1911년 금박 실험을 통해 핵을 발견한 러더퍼드는 1917년에는 질소에 알파입자를 쏘아 산소로 바꾸는 데 성공했다. 다른 물리학자들도 여러 핵에서 조그만 조각들을 떼어냈다. 그러나 원자핵을 최초로 반으로 쪼갠 것은 1932년, 케임브리지의 존 코크로프트와 어니스트 월튼이 리튬에 매우 빠른 양성자를 쏘는 실험을 통해서였다. 같은 해 이와 정반대의 실험, 즉 두 핵을 핵융합으로 결합시키는 실험이 성공했다. 마크 올리판트가 중수소(수소의 무거운 형태) 2개를 융합시켜 헬륨을 만든 것이다.

같은 해인 1932년 채드윅이 중성자를 발견하자 새로운 가능성이 활짝 열렸다. 이탈리아의 페르미 그리고 독일의 오토 한과 프리츠 슈트라스만은 무거운 원소인 우라늄에 중성자를 쏘면서 우라늄보다 더 무거운 원자를 만드는 시도를 했다. 그러다 1938년, 독일의 두 과학자가 이보다 더 엄청난 일을 해냈다. 무거운 우라늄의 원자핵이 거의 절반으로 쪼개지면서 바륨이 생성된 것이다. 바륨의 질량은 우라늄의 40퍼센트 정도이다.

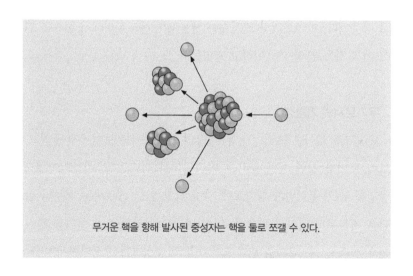

무거운 핵을 향해 발사된 중성자는 핵을 둘로 쪼갤 수 있다.

목표물 원자의 질량의 절반도 되지 않는 중성자가 우라늄에 미친 영향력은 너무 과도해 보였다. 이것은 이를테면 멜론이 완두콩에 맞아 두 동강 난 셈이었다. 이 결과가 예상 밖이었던 또 다른 이유는 조지 가모브와 보어를 포함한 당시의 물리학자들이 핵을 물방울과 비슷하다고 생각했기 때문이다. 그들은 물방울이 흩어지는 것을 표면장력이 막고 있는 것처럼 핵도 구형으로 결집되어 있고, 설령 핵이 둘로 나뉘더라도 2개의 양전하로 대전된 물질 방울이 서로를 밀어내어 멀리 분리되어 날아갈 것이라고 생각했다. 그러나 그들이 목격한 것은 그런 것이 아니었다.

그 해답은 한의 동료인 리제 마이트너가 내놓았다. 나치 독일을 피해 스웨덴으로 망명한 마이트너와 역시 물리학자였던 그녀의 조카 오토 프리슈는 거대한 핵이 반으로 쪼개지는 것이 그렇게 이상한 일이 아니라는 사실을 재빨리 알아차렸다. 충돌의 부산물은 원래 원자보다 더 안정적이고 따라서 전체 에너지는 줄어든다. 남은 에너지는 외부로 방출된다. 마이트너와 프리슈는 생물체의 세포분열에서 힌트를 얻어 이 과정을 '분열fission'이라고 명명했다.

무기로서의 가능성

덴마크로 돌아온 프리슈는 두 사람의 아이디어를 보어에게 말했고, 보어는 미국 강연 여행에서 그 아이디어를 퍼뜨렸다. 이탈리아에서 망명해 뉴욕 컬럼비아 대학교에 자리 잡고 있던 페르미는 핵분열 실험을 기본부터 다시 시작했다. 역시 미국으로 망명을 온 헝가리 출신 레오 실라르드는 우라늄 반응에서 여분의 중성자가 생성되면서 더 많은 핵분열을 일으킬 수 있다는 사실을 깨달았다. 핵분열은 연쇄반응(자체적으로 계속 이어지는 반응)을 일으키며 어마어마한 폭발 에너지를 발생시킬 수 있다.

제2차 세계대전이 발발했고, 실라르드는 독일의 과학자들도 같은 연구 결과를 얻을 것을 우려해 페르미와 함께 발견한 내용을 발표하지 않기로 합의했다. 1939년 실라르드는 헝가리에서 망명을 온 에드워드 텔러와 유진 위그너와 함께 아인슈타인을 만나, 미국 대통령인 프랭클린 루스벨트에게 원자폭탄에 응용될 수 있는 핵분열 반응의 위험성을 경고하는 서한을 지지해달라고 부탁했다.

프리슈 역시 영국으로 망명한 후 루돌프 파이얼스와 함께 폭탄 제조에 필요한 우라늄의 양과 종류를 연구했다. 결과는 충격적이었다. 처음에는 수 톤 정도의 양이 필요할 것이라 예상했지만, 원자량이 235인 우라늄 동위원소(^{235}U) 몇 킬로그램이면 연쇄반응을 일으키기에 충분했다.

여러 생각들이 대서양을 오가며 공유되었지만, 실험실에서는 여전히 연쇄반응을 일으키기가 어려웠다. 순수한 우라늄은 단단했고, 실험실의 중성자들은 후속 분열 반응을 촉발시키기 전에 흡수됐다. 그러던 중 1942년에 페르미가 시카고 대학교 축구 경기장 아래에서 최초의 연쇄반응을 일으키는 데 성공했다.

한편 독일에서는 하이젠베르크가 우라늄 기반 폭탄의 가능성을 제시하며 정부의 관심을 끌었다. 다행스럽게도 독일의 노력은 연합국들의 노력에 뒤처졌다. 여기에서 하이젠베르크의 입장은 불분명하다. 어떤 사람들은 그가 고의로 늑장을 부렸다고 생각하고, 다른 사람들은 그가 그 프로그램을 이끌었다며 그를 비난했다. 아무튼 독일 과학자들 역시 핵분열을 발견했음에도 불구하고, 전쟁이 끝날 때까지 연쇄반응조차 성공시키지 못했다.

1941년 9월, 하이젠베르크는 독일에 점령된 코펜하겐을 방문해 오랜 동료인 보어를 만났다. 두 사람의 대화 내용은 정확히 알려져 있지 않다(이 내용은 마이클 프레인의 희곡 〈코펜하겐〉의 주제이기도 하다). 하이젠베르크와 보어는 나중에 편지에서 이 대화를 언급하기도 하지만 편지 중에는 영영 부치지 않은 것도 있었다. 보어의 편지들은 최근에야 그의 가족에 의해 공개되었다. 한 편지에는 독일의 원자폭탄 계획에

로버트 오펜하이머 (1904~1967)

로버트 오펜하이머는 뉴욕의 부유한 가정에서 태어났다. 그가 뉴멕시코에 처음 간 것은 10대 때 요양을 위해서였다. 하버드 대학교에서 화학과 물리학을 공부했고, 1924년에는 케임브리지로 유학을 떠났다. 오펜하이머는 지도교수인 패트릭 블래킷과 불화에 시달렸고, 사과에 유독물질을 묻혀 교수의 책상 위에 올려놓은 적도 있다.

1926년 그는 보른과 함께 연구하기 위해 괴팅겐으로 자리를 옮겼고, 그곳에서 하이젠베르크, 파울리, 페르미 같은 거장들을 만났다. 그러다 1930년대에 미국으로 돌아와 칼텍과 UC버클리에서 연구했다. 그는 개성이 매우 강해서 주위 사람들을 완전히 매료시킬 정도였지만, 동시에 냉담한 사람으로 비춰지곤 했다. 정치적으로는 공산주의적 성향이 있어 정부 관료들을 불신했다. 그러면서도 1942년 맨해튼 프로젝트를 이끌어달라는 정부의 요청을 수락했다. 오펜하이머는 원자폭탄 투하를 두고두고 괴로워했고, 힌두교 경전인 바가바드기타를 인용하며 '이제 나는 죽음이 되었다. 세상의 파괴자가 되었다'라고 말했다. 말년에 그는 다른 물리학자들과 함께 전 세계에 핵 평화를 홍보했다.

대해 하이젠베르크가 확신을 가지고 보어에게 말하는 내용이 있다. 보어는 이에 분노했고 스웨덴을 거쳐 런던으로 전신電信을 보내려 노력했다. 그러나 전달 과정에서 전신의 내용이 왜곡되는 바람에 런던에서는 내용을 제대로 이해하지 못했다.

맨해튼 프로젝트

프리슈가 폭탄을 제조하는 데 우라늄이 많이 필요하지 않다는 사실을 깨달았을 즈음, 일본이 진주만을 습격했다. 루스벨트는 곧장 핵폭탄 제조 프로젝트를 개시했는데, 이 프로젝트가 바로 맨해튼 프로젝트다. 프로젝트는 UC버클리의 물리학자인 로버트 오펜하이머가 이끌었고, 뉴멕시코 로스앨러모스의 비밀 기지에서 연구가 진행되었다.

1942년 여름 오펜하이머 팀은 폭탄을 설계하기 시작했다. 문제는 폭발이 연쇄 핵분열로 이어지기 전까지 우라늄의 양을 임계질량 이하로 유지해야 한다는 것이었다. 이를 위해 두 가지 방법을 시도했고, 그에 따라 두 종류의 폭탄이 제조되었다. 폭탄의 이름은 '리틀보이'와 '팻맨'이었다. 1945년 8월 6일, '리틀보이'가 일본 히로시마에 투하되었다. 그 폭발력은 다이너마이트 2만 톤이 동시에 떨어진 것과 같았다. 사흘 후에는 '팻맨'이 나가사키에 떨어졌다. 두 폭탄이 투하된 순간 약 10만 명이 사망했다.

1932 채드윅, 중성자 발견.
1938 원자핵분열 관측.
1942 최초 연쇄반응 일어남.
1945 원자폭탄이 일본에 투하.
1951 핵발전소로 전기 생산 시작.

21 반물질 Antimatter

1928년, 물리학자인 폴 디랙은 슈뢰딩거의 파동방정식에 특수상대성이론의 효과를 추가하여 개선하려는 시도를 한다. 파동방정식은 전자 같은 입자들을 정상파로 서술하는데, 그 당시에는 완전하지 못했다.

파동방정식은 에너지가 낮거나 느리게 움직이는 입자에는 잘 적용되지만, 수소보다 큰 원자의 바깥껍질전자처럼 높은 에너지를 가진 입자들의 상대론적 효과는 정확하게 설명하지 못했다. 큰 원자 또는 들뜬 상태의 원자들의 스펙트럼을 더 잘 예측하기 위해, 디랙은 공간 축소와 시간 지연 같은 상대론적 효과가 전자궤도의 모양에 어떤 영향을 미치는지를 연구했다.

연구 끝에 디랙의 방정식은 전자의 에너지 크기를 예측할 수 있게 되었는데, 그러자 방정식이 너무 일반적인 것처럼 보였다. 수학적으로는 전자가 양의 에너지뿐만 아니라 음의 에너지를 가질 확률도 존재했다. 마치 $x^2=4$라는 방정식이 $x=2$와 $x=-2$의 두 가지 해를 갖는 것과 비슷하다. 양의 에너지 해는 예상대로였지만, 음의 에너지 해는 말이 되지 않았다.

동일한, 반대의, 그러나 희귀한

디랙은 이 혼란스러운 '음의 에너지' 항을 무시하지 않고, 실제로 이런 입자가 존재할지도 모른다고 가정했다. 어쩌면 전자와 질량이 같지만 음전하가 아닌 양전하를 가진 전자 같은 입자가 있지 않을까? 아니면 그것을 일반 전자들의 바다에 난 '구멍'처럼 생각할 수도 있었다. 이렇게 물질의 상보적 상태에 있는 물질을 반물질anti-matter이라고 부른다.

추적이 시작되었고, 1932년 칼텍의 연구원이던 칼 앤더슨이 양전자의 존재를 확인했다. 그는 우주선cosmic ray에 의해 생성되는 입자 소나기의 경로를 추적하고 있었다. 우주선은 우주에서 지구로 쏟아져 들어와 대기권에 충돌하는 고–에너지 입자들인데, 이보다 20년 전 물리학자 빅토르 헤스가 처음 발견했다. 앤더슨은 우주선 중에서 양전하를 띠며 전자와 질량이 같은 입자, 즉 양전자의 경로를 확인했다. 반물질은 더 이상 추상적인 개념이 아니라 실존하는 물질이었다.

다음으로 등장한 반입자는 반양성자인데, 20년 후인 1955년 검출되

폴 디랙 (1902~1984)
디랙은 '희한한 사람'이라고 불렸다. 그는 항상 말문을 열 때마다 마지막에 어떻게 끝맺을지를 미리 알고 말을 시작한다고 인정했다. 여기에 대고 사람들은 그래서 그가 하는 말이 '네', '아니오', '몰라요'뿐이라며 놀려댔다. 지독스럽게 수줍음을 탄 것만큼이나 그의 지적 능력도 대단했다. 케임브리지에서는 기록적으로 짧은 기간에 박사학위를 받았으며, 그의 연구는 양자역학의 틀을 완전히 새로 짜는 것이었다. 디랙은 양자이론에 상대성이론을 접목시키기 위해 노력했고, 그 과정에서 반물질의 존재를 예측했다. 또한 초기 양자장이론을 개척하기도 했다. 1933년 그가 노벨상 수상자로 지명되었을 때, 대중의 관심이 두려워 시상식에 참석하는 것을 꺼릴 정도였다. 그러나 주위 사람들이 상을 거부하면 더 주목을 받게 될 거라고 충고하자 간신히 마음을 돌렸다고 한다.

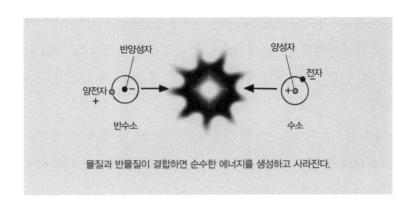

물질과 반물질이 결합하면 순수한 에너지를 생성하고 사라진다.

었다. UC버클리의 에밀리오 세그레와 그의 팀은 베바트론이라는 입
자가속기로 고정된 목표물 안의 원자핵을 향해 고속 양성자 빔을 쏘는
실험을 했다. 양성자의 에너지는 매우 높아서 충돌 과정에서 반입자를
생성하기에 충분했다. 1년 후 반중성자도 발견되었다.

원자 구성 물질들과 동일한 반물질들이 존재한다면, 반물질들로 반
원자 또는 최소한 반원자핵을 구성하는 것이 가능할까? 1965년에 발
견된 답은 '그렇다'이다. 반양성자와 반중성자를 포함하는 중수소(듀테
리움)의 반원자핵(중양자anti-deuteron)을 유럽의 CERN(유럽원자핵공동연
구소)과 미국 브룩헤이븐 연구소의 과학자들이 창조한 것이다. 반양성
자에 양전자를 붙여 수소의 반원자 형태(반수소)를 만드는 일은 조금
더 오래 걸렸지만 이 역시 1995년 CERN에서 이루어졌다. 오늘날 실
험물리학자들은 반수소가 일반 수소와 동일한 방식으로 작용하는지를
실험 중이다.

반물질을 찾기 위해 우주선에 섞인 신호를 들여다보기보다 지구상
에서 인위적으로 반물질을 만들기 위해, 거대한 자석으로 입자의 속

도를 높이고 빛줄기로 초점을 맞출 수 있는 특별한 기계가 필요했다. 스위스의 CERN이나 시카고 근처 페르미 연구소에 있는 거대한 입자 가속기 안에서 입자 빔을 목표물이나 다른 빔을 향해 발사할 수 있으며, 그 결과 아인슈타인의 $E=mc^2$ 방정식에 따라 에너지를 방출한 후 다른 유형의 입자 소나기를 생성해낸다. 물질과 반물질이 만나면 순수한 에너지를 만든 후 섬광과 함께 소멸되므로, 어디선가 나타난 반물질 쌍둥이를 만난다면 악수를 나누기 전 한번 더 생각해보는 것이 안전하다.

빅뱅의 불균형

우주를 들여다보면 소멸하는 입자들의 섬광을 많이 볼 수 없다. 그 이유는 우주가 대부분 물질로 구성되어 있는 반면 반물질은 0.01퍼센트 미만에 불과하기 때문이다. 이 불균형의 원인은 무엇일까?

이는 빅뱅 때 생성된 각각의 물질들의 양이 아주 미세하게 달랐기 때문일 수 있다. 시간이 흐르면서 대부분의 입자들과 반입자들은 충돌해 소멸되고, 입자는 극소량만 남는다. 만일 100억(10^{10}) 개 중 단 하나의 물질 입자가 살아남았다면, 현재 우리가 보고 있는 비율이 설명된다. 이 가설로 수많은 빛알과 에너지의 원초적 형태가 우주 전체에 흩뿌려져 있는 것도 설명할 수 있다.

아니면 아주 초기의 우주에서 어떤 양자적 과정으로 인해 물질이 반물질보다 우세하도록 스위치된 것일 수도 있다. 어쩌면 대부분의 물질을 붕괴시킨 불덩어리 우주 속에서 일부 비정상적인 입자가 생성되었을 수도 있다. 이유가 무엇이든, 지금도 전 세계 수천 명의 물리학자들은 거대 입자가속기에 매달려 그 이유를 발견하기 위해 노력하고 있다.

1928 디랙, 반물질 제안.
1932 앤더슨, 양전자 검출.
1955 반양성자 검출.
1965 최초의 반원자핵 제조.
1995 반수소 생성.

양자장

22 양자장이론 Quantum field theory

자석 2개를 같은 극끼리 가까이 두면 서로 밀어내는 힘을 느낄 수 있다. 그런데 이 힘은 어떻게 전파되는 것일까? 마찬가지로 태양의 빛이나 중력은 어떻게 그 넓은 공간을 가로질러 지구와 꼬마 명왕성에게까지 그 영향력을 미치도록 뻗어나갈 수 있을까?

힘이 공간을 넘어 확장된 '장'을 통해 작용한다는 아이디어는 19세기 중반 전기와 자기를 연구하던 패러데이에게서 나온 것이었다. 모든 전기와 자기 현상을 연결하는 전자기의 기본 법칙에 대한 탐구는 10년 후 맥스웰이 완성했다. 맥스웰은 오직 4개의 방정식만으로 전자기장의 다양한 특징을 서술했고, 거리가 멀어짐에 따라 전자기장의 세기가 어떻게 감소하는지도 밝혔다.

그런데 힘은 어떻게 전달되는 것일까? 고전물리학의 세계에서는 물체가 한 곳에서 다른 곳으로 에너지를 나른다고 생각한다. 총을 예로 들면, 압력파로 떠밀린 원자들이 폭발 에너지를 총알에 전달하고, 총알은 목표물을 맞힌다. 20세기 초 아인슈타인은 빛을 이와 비슷한 방법으로 설명했다. 즉 빛알이 금속판을 때릴 때 빛줄기의 형태로 에너지 묶음을 전달한다고 본 것이다. 그러나 다른 힘은 어떨까? 중력은? 또는 핵을 결합시키는 약력과 강력은 어떻게 전달될까?

힘을 나르는 입자들

1920년대 등장한 양자장이론에서는 모든 장field이 양자 입자의 흐름을 통해 에너지를 전달한다고 가정했다. 이 양자 입자를 '게이지 보손 gauge boson'이라고 한다. 빛알처럼 게이지 보손도 공간을 전파해 충격을 전달한다. 빛알처럼 게이지 보손도 특정한 에너지의 '양자'다. 그러나 빛알과 달리 힘의 장의 전달 입자 중 일부는 질량이 있다. 그리고 이러한 전달 입자들은 여러 종류가 있다.

힘을 전달하는 입자는 딱딱한 당구공처럼 생긴 것이 아니라 에너지장 아래 물결처럼 존재한다. 이 입자들은 파동도 진짜 입자도 아닌 그 중간쯤의 무언가다. 얼핏 이해가 안 가지만 양자역학의 개척자인 보어와 드브로이가 설명한 것처럼 원자 규모에서는 모든 것이 가능하다. 힘나르개force carrier에는 빛알 그리고 빛알과 비슷한 입자들이 포함되며, 양자 규칙에 따라 필요한 상황에는 입자처럼 행동하면서 특정한 양의 에너지만 나를 수 있다. 페르미온도 전자와 마찬가지로 장의 나르개로 간주할 수 있다.

디랙과 양자이론

양자 작용이 최초로 연구된 장은 전자기장이었다. 1920년대 영국의 물리학자 폴 디랙은 전자기의 양자이론을 세우려 노력했고, 그 결과물을 1927년 발표했다. 그가 초점을 맞춘 것은 전자였다. 전자의 행동을 설명하기가 까다로웠던 이유는 원자 안의 전자가 높은 에너지 궤도에서 낮은 에너지 궤도로 떨어질 때 빛알이 방출되는 원리를 설명해야 했기 때문이다. 빛알은 실제로 어떻게 생성되는 것일까?

그는 화학물질이 상호작용하는 것처럼 입자들도 양자 규칙을 따르는 한 상호작용을 할 수 있다고 생각했다. 모든 입자를 고려할 경우 상호작용의 전후에 전하량이나 에너지 같은 물리량은 보존되어야 한다. 따라서 전자는 상호작용을 거친 후 에너지가 낮아지고, 이때 발생한 에너지 차이는 빛알의 형태로 방출한다.

디랙의 전자 방정식을 놓고 벌어진 논쟁은 결과적으로 반물질과 양전자의 예측으로 이어졌다. 디랙은 전자가 바다처럼 펼쳐진 가운데 양전자가 구멍으로 존재한다고 가시화해 설명했다. 입자에게는 반입자 쌍둥이가 있는데, 반입자의 전하는 입자와 반대이며 음의 에너지를 가지고 있다. 양전자는 반反전자이다.

양자장이론에서는 모든 기본 입자들을 서로 구분할 수 없다고 가정한다. 특정 에너지를 가진 빛알 1개는 우주 어느 곳에 있든 상관없이 다른 빛알들과 똑같은 모습에 똑같은 행동을 보인다는 것이다. 모든 전자는 유황 안에 있든, 구리판 안에 있든, 네온 기체관 안을 날아다니며 윙윙거리든 모두 똑같다.

에너지의 탄생과 죽음

입자는 때로 갑자기 나타났다가 사라질 수 있다. 하이젠베르크의 불확정성 원리에 따르면, 에너지 묶음이 진공 공간에 순간적으로 나타나 잠시 지속할 확률이 아주 낮지만 존재한다. 그럴 확률은 입자의 에너지와 입자가 나타나 지속되는 시간의 곱과 비례한다. 에너지가 많은 입자는 아주 짧은 시간 동안만 나타날 수 있다.

양자장이론에서 이런 현상을 다루려면 여러 개의 입자에 대한 통계를 다루어야 하며, 두 페르미온이 같은 상태를 지니지 못한다는 파울리의 배타원리도 포함시켜야 했다. 요르단과 위그너는 1927년과 1928

파스쿠알 요르단 (1902~1980)

요르단은 독일 히노버에서 데이났다. 미술가였던 아버지는 아들이 자신과 비슷한 일을 하기를 바랐지만, 요르단은 과학을 택했다. 하노버 기술대학교를 졸업한 후 괴팅겐 대학교에서 박사학위를 받았고, 그곳에서 보른과 함께 연구했다. 1925년 보른, 하이젠베르크, 요르단은 양자역학 최초의 이론을 발표했다. 1년 후 요르단은 에너지 양자의 개념을 모든 장으로 확장했다. 이것이 양자장이론의 시작이었다. 요르단은 끝내 노벨상을 받지 못했는데, 아마도 그가 제2차 세계대전 중 나치에 합류했기 때문일 것이다.

년에 여러 장들을 표현하기 위해 수많은 파동함수들을 통계적으로 결합시킬 방법을 연구했다.

그러나 초기 양자장이론이 설명하지 못하는 현상이 있었다. 그중 하나는 힘나르개에 의해 생기는 장이 힘나르개 자체에 영향을 미친다는 사실이었다. 전자를 예로 들면, 전자는 전기적 전하를 갖는다. 따라서 자체적으로 생성된 전기장 안에 자리를 잡는다. 원자 내부에서 고려하면 전자의 전기장으로 인해 전자의 궤도 에너지가 조금 이동하게 된다.

전자나 빛알이 무엇으로 만들어졌는지 그 자체도 가시화하기가 매우 어려웠다. 만일 음으로 대전된 전하가 점이 아니라 공간에 퍼져 있는 상태라면, 그중 일부는 서로를 밀어내게 된다. 전자기력의 밀치는 힘이 작용하면서 전자가 갈기갈기 찢길 수도 있다. 그와는 반대로 전자가 크기가 없는 점이라면, 무한히 작은 점에 어떻게 전하량이나 질량을 부여할 수 있단 말인가? 그렇다면 전자를 서술하던 그동안의 방정식들은 순식간에 무한대 항으로 채워지게 될 것이다.

1947년, 물리학자들은 무한대 항들을 상쇄할 방법을 찾았고, 줄리언 슈윙거, 리처드 파인먼 같은 선구자들이 이 이론을 더욱 밀어붙였다. 이 방법을 재규격화 또는 되맞춤이라고 한다. 그 결과물로 탄생한 이론을 양자전기역학(QED)이라고 하는데, 이 이론은 빛과 물질이 어떻게 상호작용을 하는지를 잘 설명했고 상대성이론과도 잘 들어맞았다. 전자기 효과는 질량이 없는 빛알에 의해 먼 거리까지 공간을 넘어 전파될 수 있었다.

다른 힘들은 설명하기가 더 어려워서 해석하는 데 수십 년이 걸렸다. 전자기력과 약한 핵력의 통합은(약한 핵력은 핵융합과 베타 방사성 붕괴와 관련이 있다) 쿼크로 구성되어 있는 양성자와 중성자를 더 잘 이해할 때까지 기다려야 했다. 강한 핵력은 힘이 작용하는 범위가 매우 좁기 때문에, 이를 설명하는 것은 훨씬 더 큰 도전이었다. 이로 인해 약전자기 이론과 양자색역학 이론은 1970년대에 들어서야 개발되었다.

오늘날 약력, 강력, 전자기력을 통합하는 데 많은 진전이 이루어졌다. 그러나 중력을 포함시키고자 하는 더 원대한 목표는 여전히 손에 잡히지 않고 있다.

1927~8 요르단과 위그너, 양자장이론 개발.
1946~50 도모나가·슈윙거·파인먼, 양자전기역학 개발.
1954 스탠포드 선형가속기센터에서 쿼크를 목격했다는 증거를 확보.
1973 그로스·윌첵·폴리처, 양자색역학 이론 발표.

23 램 이동 The Lamb shift

1930년대의 물리학자들은 전자에 대해 많은 것을 알게 되었다. 1913년에 발표된 보어의 원자모형은 양전하를 띠는 핵 주위를 음전하를 띠는 전자가 행성처럼 도는 단순한 모양이었는데, 이제는 바깥전자가 안쪽 전자를 감싸는 현상과 각운동량의 효과까지 포함하도록 개선되었다. 수소 원자의 스펙트럼선에서 보이는 전자의 '스핀'에 의한 에너지 편이는 전자가 전하를 띠고 자전하는 공처럼 행동한다는 사실을 입증한 것이었다.

제만 효과와 슈타르크 효과는 각각 자기장과 전기장으로 인해 수소의 스펙트럼선이 미세하게 갈라지는 현상을 말하는데, 이 효과로 인해 전자스핀과 관련된 자성이 밝혀졌다. 그리고 파울리의 배타원리는 왜 전자, 즉 페르미온이 정해진 양자적 특성만을 취할 수 있는지, 또 페르미온이 원자 주위를 겹겹이 둘러싼 껍질을 어떻게 채우는지를 설명했다. 디랙과 다른 물리학자들은 여기에 상대론을 적용하는 수정 사항을 포함시켰다.

그럼에도 의문은 여전히 남았다. 특히 전자가 어떻게 생겼는지가 분명하지 않았다. 슈뢰딩거의 파동방정식은 전자가 특정 장소에 있을 확률을 파동함수 형식으로 표현한다. 그러나 전자의 전하를 고립시킬 수도 있고 전자를 금속판을 향해 쏠 수도 있다는 점을 생각해보면 전자는 어떤 의미에서는 분명히 국소적으로 존재한다. 양자장이론에서 계속 등장하는 방정식들에서는 무한히 작은 무언가에 전하량이나 질량을 부여하는 일이 불가능했다. 그러나 만일 전자처럼 대전된 입자가 크기를 갖는다면 자체적인 반발력으로 인해 산산조각이 날 텐데, 어떻게 부서지지 않고 존재할 수 있겠는가? 방정식은 무한대, 즉 수학적 특이점들로 가득 차 더 이상 다룰 수 없는 지경이 되었다.

양자적 돌파구

1947년, 양자물리학을 한 차원 발전시킨 실험이 시작되었다. 뉴욕 컬럼비아 대학교의 윌리스 램과 그의 제자 로버트 레더퍼드는 수소의 스펙트럼선에서 새로운 효과를 발견했다. 제2차 세계대전 동안 마이크로파 기술을 연구하던 램은 그 기술을 적용해 가시광선보다 파장이 훨씬 긴 빛으로 수소를 바라보려는 시도를 했다.

수소에 마이크로파를 쐬자 수소 방출 스펙트럼에서 2개의 궤도가 나왔다. 하나는 공 모양이고(S-상태) 다른 하나는 길쭉하게 늘인 모양(P-상태)이다. 두 궤도 모두 바닥상태보다 약간 높은 에너지를 가지고 있다. 당시의 원자 이론에서는 두 궤도의 에너지가 같아야 한다고 설명했지만, 서로 모양이 다르기 때문에 외부 자기장이 걸리면 각기 다른 방식으로 반응해야 한다. 이때 에너지 차이가 발생하고, 이 차이를 수소 스펙트럼선에서 새로운 모양의 갈라짐으로 검출할 수 있다. 다양한 모양의 전자궤도에 영향을 미치는 것이 가능하다면, 그 효과는 스펙트럼의 가시광선이나 자외선보다 마이크로파를 이용할 때 더 잘 보일 것이다.

이 에너지 차이를 램과 레더퍼드가 발견한 것이다. 두 사람은 수소 원자 빔에 전자 빔을 직각으로 충돌시켰다. 그 결과 수소 원자 내부의 전자 중 일부가 에너지를 얻고 S궤도로 옮겨갔다. 양자 규칙에 따라 이 전자들이 낮은 에너지 상태로 떨어져 에너지를 잃어버리는 것이 금지되어 있으므로, 전자는 들뜬 상태에서 계속 머물러 있었다. 이렇게 에너지를 얻은 원자는 자기장을 통과한 후(이때 제만 효과가 발생한다) 최종적으로 금속판에 도달했다. 그곳에서 전자가 방출되면서 소량의 전류가 흘렀다.

자기장이 걸린 영역 안에 있는 원자들을 향해 마이크로파(전자레인지의 진동수와 비슷하다)도 쏘아보았다. 램은 자기장의 세기를 바꿈으로써 전자가 비대칭 모양의 P-상태로 도약하도록 할 수 있었다. 전자들은 금속 검출판에 부딪히기 전에 양자 규칙에 따라 바닥상태로 떨어질 수 있었고, 따라서 전류가 흐르지 않았다.

램은 여러 진동수의 파동을 바꾸어가며 현상을 관찰한 후 결과를 그래프로 그렸고, 이 그래프로부터 자기장이 없는 조건에서 S-상태와 P-상태 사이의 에너지 전이를 추론할 수 있었다. 이를 램 이동Lamb shift이라고 한다. S-상태와 P-상태 사이의 에너지 차이는 디랙이 생각했던 것처럼 0이 아니었다. 따라서 전자 이론은 불완전한 것임에 틀림없었다.

램이 내놓은 결과는 양자물리학계를 뒤흔들었다. 이 내용은 그해 뉴욕 롱아일랜드의 셸터 섬에서 열렸던 학회에서 뜨거운 주제로 떠올랐다. 전자의 모양이라는 관점에서 보자면 이 에너지 전이는 무엇을 의미하는가? 그리고 이 내용을 반영하기 위해 기존의 방정식들을 어떻게 수정해야 할 것인가?

많은 물리학자들이 램 이동을 '자체 에너지' 문제, 즉 전자의 자체 전

한스 베테 (1906~2005)

베테는 스트라스부르크(현재 프랑스 영토이지만 당시는 독일 제국의 일부였다)에서 태어났다. 그는 어려서부터 수학에 재능을 보였다. 또한 글쓰기에도 열의를 보였는데, 글을 쓸 때 한 줄은 똑바로 다음 줄은 반대 방향으로 쓰는 기이한 버릇이 있었다. 프랑크푸르트 대학교에 진학하면서 '수학은 분명한 것들을 증명하는 것 같다'는 이유로 물리학을 선택했다. 이후 뮌헨 대학교에서 1928년 결정에 의한 전자 회절 연구로 박사학위를 받은 후 케임브리지로 자리를 옮겼다. 그의 유머 감각은 동료인 아서 에딩턴을 골탕 먹이기 위해 절대영도에 관한 가짜 논문을 발표하면서 널리 알려졌다(논문은 이후에 철회했다). 유대인의 피를 물려받은 베테는 세계대전이 일어나자 미국으로 건너갔고, 은퇴할 때까지 코넬 대학교에 머물렀다. 그는 핵 연구와 맨해튼 프로젝트에 몸담았고 핵융합 반응을 제안하여 별들이 빛나는 이유에 관한 문제를 해결했다. 이 연구로 인해 노벨상을 수상하는 영예를 얻었다. 베테의 장난기는 '알파, 베타, 감마' 논문이라고 불리는 R 알퍼와 가모브의 논문에 자기 이름을 빌려준 것으로도 유명하다.

하가 전기장을 생성하고 그 위에 전자가 자리 잡고 있다는 사실 때문이라고 보았다. 그러나 방정식들은 이러한 내용을 다루지 못했다. 방정식의 결과는 자유전자의 질량이 무한대이며, 그 결과 스펙트럼선들은 진동수 영역에서 모두 무한대로 치우칠 것이라고 예측했다. 양자물리학은 이러한 무한대의 변수들에 사로잡혀 있었다.

왜 전자의 질량이 무한대가 아니라 고정된 값인지를 설명할 방법이 필요했다. 한스 베테는 학회를 마치고 집으로 돌아가는 동안 이 문제를 피해갈 수 있는 방법을 궁리했다. 그는 질량을 순수하게 고정시키는 방법은 현재의 이해 수준을 넘어서는 것임을 깨닫고는, 방정식을 고쳐 전자의 특성을 일반적인 전하와 질량의 항으로 표현하는 대신 재

조정된 버전으로 표현하도록 했다. 이에 따라 적절한 매개변수를 선택함으로써 무한대들이 상쇄될 수 있었다. 이러한 접근법을 재규격화renormalization라고 한다.

무한대 문제는 전자기장의 양자적 입상성quantum graininess 때문에 발생한다. 전자는 마치 대기 중에서 브라운운동을 하는 분자처럼 장을 구성하는 입자들에 의해 이리저리 떠밀리고 있다. 따라서 전자는 구 안에서 번진 형태로 존재한다. 번져 있는 전자는 점 상태의 전자보다 가까이에 있는 핵에게서 인력을 덜 느끼게 된다. 따라서 램의 실험에서 본 대로 S-궤도의 에너지가 조금 올라간다. P-궤도는 S-궤도보다 크기 때문에 상대적으로 영향을 덜 받는다. P-궤도의 전자는 핵과 그렇게 가까이에 있지 않기 때문인데, 따라서 P-궤도의 에너지도 S-궤도보다 조금 더 낮다.

베테의 설명은 램의 실험적 결과와 정말로 잘 들어맞았고, 양자물리학 분야는 한 걸음 더 전진하게 되었다. 일부 물리학자들은 베테의 재규격화 기술이 다소 즉흥적이라며 우려했지만, 재규격화 기술은 여전히 사용되고 있다.

1922 슈테른-게를라흐 실험에서 양자화된 전자스핀 밝힘.
1925 호우트스미트와 윌렌베크, 전자가 전하를 띤 상태로 자전하는 공이라고 제안.
1947 램과 레더퍼드, 스펙트럼선의 갈라짐 현상이 전자궤도 모양에 의한 것임을 밝힘.
1947 베테, 재규격화 제안.

24 양자전기역학 Quantum electrodynamics

QED는 전자기력의 양자장이론으로, 빛과 물질의 상호작용을 설명하고 여기에 특수상대성이론의 효과를 적용시킨다. 최근 버전에서는 하전입자가 빛알을 교환하며 상호작용하는 과정을 기술하고, 수소의 스펙트럼선 안에 보이는 모든 미세한 구조들을 설명한다. 여기에는 전자스핀, 제만 효과, 램 이동에 의한 스펙트럼선 구조도 포함된다.

QED의 시초는 1920년대 말, 디랙이 전자가 수소 원자 안에서 에너지를 잃거나 얻으면서 빛알을 방출 또는 흡수하는 작용과, 이 과정에서 생성되는 스펙트럼선들을 설명하면서 시작되었다. 디랙은 플랑크의 에너지 양자 개념을 전자기장에 적용하면서, 양자를 작은 진동자(떨리는 줄 또는 정상파)로 생각했다. 그는 또한 입자의 상호작용이라는 아이디어를 도입했고, 상호작용 과정에서 입자가 자발적으로 생성되거나 소멸될 수 있다고 보았다.

돌파구

그 후로 10년 동안 물리학자들은 디랙의 이론을 계속 비틀어보았지만, 할 수 있는 일은 다 했다며 손을 들었다. 그러나 곧 이 이론이 단순한 수소 원자에 대해서만 잘 맞는다는 사실을 깨달았다. 수소의 전자보다 에너지가 더 크거나 거대한 원자에 속한 전자에 대해서는 계산이 어긋났고 전자의 질량이 무한대로 커져야 하는 상황이 발생했다. 이론에 대한 의구심은 더욱 커졌다. 양자역학은 특수상대성이론과는 양립

할 수 없는 것일까? 1940년대에 램 이동이나 전자스핀 같은 현상이 발견되면서 이론은 점점 더 흔들리게 되었다.

1947년 베테가 무한대 항들을 상쇄시키는 재규격화를 이용하여 방정식을 수정하고 램 이동의 원리에 관한 설명을 내놓자 가까스로 해결 국면에 접어들었다. 그러나 베테도 상대성이론 문제만큼은 완전히 해결하지 못했다. 이후 몇 년간 베테의 아이디어는 도모나가 신이치로, 슈윙거, 파인먼에 의해 꾸준히 개선되었고, 방정식들을 계속 수정한 결과 무한대 항들을 완전히 제거할 수 있었다. 이 세 사람은 1965년 노벨상을 받았다.

리처드 파인먼 (1918~1988)

뉴욕에서 태어나 자란 파인먼은 어릴 때 말이 늦었다. 세 살이 될 때까지 말을 거의 안 했던 그는 훗날 유명한 강연자이자 총명한 물리학자가 되었다. 파인먼은 컬럼비아 대학교와 프린스턴에서 물리학을 공부했고, 맨해튼 프로젝트에 연구원으로 초빙되어 연구를 진행했다. 그는 뉴멕시코 사막에서도 장난을 즐겼고 동료들에게 농담하기를 좋아해서, 자연로그 e=2.71828… 같은 뻔한 비밀번호를 추측하여 사람들의 파일 캐비닛을 딴 후 안에 쪽지를 남기곤 했다.

전쟁이 끝난 후 파인먼은 칼텍에 자리를 잡았는데, 그러한 결정에는 캘리포니아의 따뜻한 기후도 어느 정도 영향을 미쳤다. 파인먼은 교사로서도 뛰어난 재능을 보였고, 자신의 강의 시리즈를 요약한 유명한 책들을 여럿 남겼다. 그에게 노벨상의 영예를 안긴 QED와 더불어, 파인먼은 약한 핵력과 초유체에 관한 이론도 연구했다. '바닥에는 공간이 많이 남아 있다'there's plenty of room at the bottom' 라는 유명한 강연에서 나노기술의 바탕을 닦기도 했다. 동료인 프리먼 다이슨은 그를 가리켜 '반은 천재이자 반은 광대'라고 했지만, 파인먼은 '완전한 천재이자 완전한 광대'였다.

재규격화는 여전히 양자물리학의 정전^{canon}으로 여겨지지만, 그 물리학적 의미는 잘 파악되지 않는다. 파인먼은 재규격화를 전혀 좋아하지 않았으며 '간교한 눈속임'으로 치부하곤 했다.

파인먼 다이어그램

QED의 방정식들은 복잡하다. 그래서 위대한 상상력의 소유자이자 남을 가르치는 데 천부적인 재능을 가진 엉뚱한 성격의 파인먼은 자신만의 속기법을 개발했다. 그는 수학을 사용하는 대신 몇 가지 규칙을 정한 후 단순히 화살표만으로 입자의 상호작용을 표현했다.

화살표는 한 지점에서 다른 지점으로 이동하는 입자를 가리킨다. 구불구불한 물결선은 빛알을 의미하고, 다른 힘나르개들도 이와 비슷한 물결선으로 표시한다. 입자들의 상호작용은 3개의 화살표가 한 꼭짓점에서 만나는 것으로 표현될 수 있다. 상호작용의 여러 과정들은 화살표나 점들을 추가하여 확장시켜 표현한다.

예를 들어, 전자와 양전자가 충돌해 빛알 형태의 에너지를 생성한 후 소멸되는 작용은, 두 화살표가 한 점에서 만나고 그 점으로부터 구불구불한 빛알의 물결선이 나가는 방식으로 그려진다. 시간은 왼쪽에서 오른쪽 방향으로 흐른다. 반입자는 실제 입자가 시간을 거슬러 움직이는 것과 동일하기 때문에 양전자의 화살표는 뒤쪽, 즉 오른쪽에서 왼쪽 방향의 화살표로 그려진다.

3개의 화살표가 모인 꼭짓점들을 여러 개 결합해 일련의 사건들을 표현할 수 있다. 전자—양전자의 상호작용으로 생성된 빛알은 이후 자발적으로 분해하면서 다른 입자—반입자 쌍을 만들 수 있는데, 이 과정

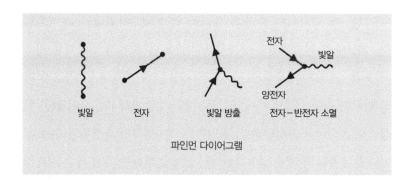

빛알　　　전자　　　빛알 방출　　　전자-반전자 소멸

전자

빛알

양전자

파인먼 다이어그램

은 오른쪽으로 뻗어나가는 화살표 2개로 표현할 수 있다.

다이어그램을 통해 모든 종류의 상호작용을 다 설명할 수 있으며, 장이론들에서 설명하는 전자기력, 약한 핵력, 강한 핵력 같은 기본 힘들도 모두 표현이 가능하다. 다이어그램을 그릴 때 몇 가지 꼭 지켜야 하는 법칙이 있는데, 에너지 보존 법칙이 그 예다. 그리고 쿼크처럼 단독으로 존재하지 못하는 입자들은 다이어그램 상에서 들어오고 나가는 입자들이 양성자나 중성자처럼 실체가 되도록 균형을 맞춰야 한다.

확률 변화

이 다이어그램들은 단순한 시각적 스케치가 아니다. 여기에는 더 깊은 수학적 의미가 있다. 다이어그램들을 통해 상호작용이 일어날 확률도 알 수 있기 때문이다. 확률을 알려면 먼저 결과에 이르는 경로가 몇 개인지를 알아야 한다. 대안적인 상호작용의 경로의 개수는 시작점과 끝점을 잡고 가능한 경로들을 모두 연결함으로써 곧바로 확인할 수 있으며, 이를 통해 일어날 확률이 가장 큰 경우를 알 수 있다.

이러한 특징은 QED의 이면에 관한 파인먼의 생각에 영향을 미쳤다. 그는 옛 광학이론 중 빛의 전파에 관한 페르마의 원리를 떠올렸다. 페르마의 원리에서는 렌즈나 프리즘을 통과할 때 휘어지는 빛줄기가 갈 수 있는 경로를 모두 통과하지만 그중 가장 빠른 경로가 가장 확률이 높은 경로이며, 그 경로를 따라 빛줄기의 대부분이 같은 위상으로 움직인다고 설명한다. 파인먼도 다이어그램의 경우의 수를 헤아리면서 하나의 양자 상호작용에서 일어날 확률이 가장 높은 결과를 찾았다.

QED는 양자장이론의 발전을 이끌었다. 물리학자들은 QED를 확장시켜 쿼크의 색력장color force field(색력은 쿼크를 결합시키는 힘이다—옮긴이)까지 다루도록 했다. 색력장을 다루는 이론은 양자색역학(QCD)이라고 한다. 그리고 QED는 약한 핵력이 통합된 약전자기 이론과 합쳐졌다.

1873 맥스웰, 전자기 방정식 발표.
1927 디랙, 전자기 현상을 양자적으로 설명.
1927~8 요르단과 위그너, 양자장이론 개발.
1947 베테, 재규격화 제시.
1946~50 도모나가·슈윙거·파인먼, QED 개발.

25 베타붕괴 Beta decay

방사능은 약한 핵력에 의해 원자의 핵이 붕괴되면 밖으로 뿜어져 나온다. 방사능은 알파, 베타, 감마의 세 유형으로 분류된다. 알파입자는 순수한 헬륨의 핵으로 양성자 2개와 중성자 2개로 구성되어 있으며, 라듐이나 우라늄처럼 무거운 방사성 원소의 불안정한 핵이 붕괴되면서 방출된다. 베타입자는 전자로, 중성자가 양성자로 붕괴될 때 핵으로부터 방출된다. 감마선은 빛알의 형태로 방출되는 에너지다.

알파입자는 상대적으로 무겁기 때문에 멀리까지 이동하지 못하며 종이나 인간의 피부 정도로도 쉽게 멈추게 할 수 있다. 베타입자는 가볍고 멀리 이동할 수 있기 때문에, 베타입자를 멈추게 하려면 납이나 두꺼운 금속판이 필요하다. 감마선은 침투력이 훨씬 더 강하다.

1900년에 앙리 베크렐은 오래전 전자를 확인할 때 사용했던 것과 비슷한 실험을 구성하여 베타입자의 전하에 대한 질량의 비율을 측정했고, 그 데이터가 전자의 데이터와 일치한다는 사실을 발견했다. 1901년에는 러더퍼드와 프레더릭 소디는 베타 복사가 일어날 때 원래 있던 화학적 원소의 성질이 바뀐다는 것을 알아냈다. 원소가 주기율표에서 한 칸 오른쪽으로 이동하는 것이다. 예를 들어 세슘은 베타붕괴 후 바륨으로 변한다. 따라서 베타입자는 핵으로부터 방출된 전자라는 결론을 내리게 되었다.

1911년, 독일의 과학자 리제 마이트너와 오토 한은 당혹스러운 결과를 발견했다. 알파입자는 항상 정해진 에너지만 가지고 방출되는 반면, 베타입자는 어떤 최대값까지는 임의의 에너지 값을 가질 수 있었다. 결과를 놓고 볼 때 붕괴 전후에 에너지가 보존되어야 함에도 불구하고 베타붕괴 때는 에너지의 일부가 어디론가 사라지는 듯이 보였던 것이다.

잃어버린 입자를 찾아서

운동량도 보존이 되지 않았다. 반동으로 나타난 핵과 방출된 베타입자의 방향과 속도를 따져보면 서로 균형이 맞지 않았다. 이에 대한 최선의 설명은 붕괴 과정에서 무언가 다른 입자가 튀어나오면서 여분의 에너지와 운동량을 가져가버렸다는 것이었다. 그러나 눈에 띄는 '무언가'는 검출되지 않았다.

1930년, '친애하는 방사성 신사 숙녀 여러분'이라는 유명한 말로 시작되는 편지에서, 파울리는 대단히 가벼운 중성 입자의 존재를 제안했다. 이 입자는 양성자의 짝꿍으로 핵 안에 존재하는 것이었다. 그는

엔리코 페르미 (1901~1954)

로마에서 자란 보낸 페르미는 과학에 관심이 많은 꼬마였고, 엔진을 분해하거나 자이로스코프를 가지고 놀기를 좋아했다. 10대 때 아버지가 세상을 떠나자 그는 학업에 몰두했다. 피사의 한 대학교에서 물리학을 공부하던 그는 양자물리학에 두각을 나타냈고 세미나를 기획해달라는 요청을 받았다. 1921년에는 전기역학과 상대성이론에 관한 최초의 논문을 발표했다. 그는 불과 21세의 나이에 박사학위를 받았고, 몇 년 후 로마에서 교수가 되었다.

1934년 페르미는 베타붕괴 이론을 발표했지만, 주위에서 관심을 보이지 않자 실험물리학으로 전향하여 중성자 충돌과 핵분열의 초기 연구를 수행했다. 그 결과로 1938년 노벨상을 수상한 후, 파시스트 정권을 피해 미국으로 건너갔다. 페르미가 이끄는 팀은 1942년 시카고에서 최초의 핵 연쇄반응을 성공시켰고, 그는 맨해튼 프로젝트에 참여했다. 실험물리와 이론물리에 대하여 명료하고 단순한 사고방식과 재능을 지닌 페르미는 20세기 가장 위대한 물리학자 중한 사람이다. 작가인 C. P. 스노우는 그의 재능을 가리켜 '페르미에 관한 얘기는 전부 과장으로 들릴지도 모른다.'라고 말했다.

이 입자를 중성자라는 별명으로 불렀다. 이후 페르미가 이 입자에 중성미자neutrino(중성의 꼬마 입자라는 의미)라는 이름을 붙였는데, 1932년 채드윅이 발견한 더 무거운 입자인 중성자와 혼동되는 것을 피하기 위해서였다.

파울리는 이 가벼운 입자로 불일치를 설명할 수 있다고 생각했다. 그러나 이 입자는 전하가 없고 질량은 아주 작아 쉽게 검출망을 빠져나갔다. 1934년 페르미는 베타붕괴에 대한 이론을 완성했는데, 여기에는 눈에 보이지 않는 중성미자의 특성도 포함되어 있었다. 페르미의 이론은 걸출한 역작이었지만, 과학 저널인 〈네이처Nature〉는 너무 추측에 치우쳤다는 이유로 논문 게재를 거절했다. 페르미는 한동안 연구 주제를 바꿀 정도로 엄청난 충격을 받았다.

중성미자

사실 중성미자는 물질과 상호작용을 하는 일이 거의 없어, 1956년이 되어서야 이를 발견할 수 있었다. 클라이드 코원과 그의 공동 연구자들은 베타붕괴에서 나온 양성자와 반중성미자를 양전자와 중성자로 변환시켰다(양자적 대칭으로 인해 베타붕괴에서 방출되는 입자는 실제로는 반反중성미자다).

중성미자는 여전히 검출하기가 어렵다. 중성미자는 전하를 띠지 않아 다른 물질을 이온화시키지 않는다. 질량도 대단히 가벼워서 목표물을 맞히더라도 거의 흔적을 남기지 않는다. 실제로 대부분의 중성미자는 지구를 곧장 뚫고 지나간다.

아주 커다란 수영장이나 지중해와 남극해의 대륙 빙하 같은 거대한 물들을 가로지르면서 중성미자의 속도가 느려질 때 물리학자들이 이를 검출하는 경우도 있다. 중성미자가 물속에서 물 분자를 때리면 전자가 하나 튀어나오는데, 이 전자가 푸른빛의 줄무늬 흔적을 만들기 때문이다(이를 체렌코프 복사라고 한다).

1962년 리언 레이더먼, 멜빈 슈워츠, 잭 스타인버거는 전자중성미자보다 조금 더 무거운 계열인 뮤온중성미자의 상호작용을 검출하던 중, 중성미자에 다른 맛깔flavor이 있다는 것을 알아냈다. 세 번째로 발견된 유형은 타우중성미자로, 1975년에 그 존재가 예측되었지만 2000년에서야 페르미 연구소에서 최초로 발견했다.

중성미자는 핵융합 반응으로부터 생성된다. 핵융합 반응은 태양과 행성의 내부에서 에너지를 만들어낸다. 1960년대 말, 태양으로부터 중성미자를 검출하려 시도했던 물리학자들은 중성미자의 수가 너무 적다는 사실을 깨달았다. 애초 예상했던 양의 30~50퍼센트만이 지구상에 도달했던 것이다.

렙톤

렙톤은 물질을 이루는 기본 구성 단위다. 렙톤에는 여섯 가지 맛깔이 있는데, 전자, 뮤온, 타우 입자, 그리고 각각에 관련된 중성미자들이다. 각각의 입자에 해당하는 반입자들도 있다.

입자	기호	질량 에너지
전자	e	0.000511 GeV
뮤온	μ	0.1066 GeV
타우	τ	1.777 GeV

태양중성미자 문제는 1998년에서야 해결되었다. 당시 일본의 슈퍼카미오칸데Super-Kamiokande와 캐나다의 서드베리 중성미자 관측소 Sudbury Neutrino Observatory에서는 중성미자가 어떻게 세 가지 맛깔 사이에서 변하는지(또는 진동하는지)를 발견했다. 초기에는 전자, 뮤온, 타우 유형의 비율을 잘못 예측했고, 다양한 종류의 검출기들이 그중 일부 유형을 놓치고 있었던 것이다. 중성미자 진동은 중성미자가 미세한 질량을 가지고 있다는 사실을 암시한다(이 연구를 진행한 가지타 다카아키, 아서 B. 맥도널드가 2015년 노벨 물리학상을 수상했다 —옮긴이).

파울리와 페르미가 베타붕괴의 문제를 해결하면서 수수께끼의 입자인 중성미자의 존재를 예측할 수 있었고, 새로운 물질 구성단위인 렙톤lepton의 세계가 열리게 되었다. 이러한 토대 위에 핵력을 연구할 수 있는 기틀이 마련되었다.

1900 베크렐, 베타입자가 전자와 비슷함을 밝힘.
1901 러더퍼드와 소디, 베타입자가 핵에서 나온 전자임을 밝힘.
1911 마이트너와 한, 베타붕괴 과정에서 에너지가 손실됨을 발견.
1930 파울리, 중성미자의 존재를 제안.
1932 채드윅, 중성자 발견.
1934 페르미, 베타붕괴 이론 발표.
1956 코원, 중성미자 검출.
1962 레이더먼·슈워츠·스타인버거, 뮤온중성미자를 검출.
1998 태양중성미자의 진동 발견.

26 약한 상호작용 Weak interaction

약한 핵력은 방사성 붕괴를 일으킨다. 중성자를 포함한 대부분의 입자들은 언젠가는 붕괴되어 기본 구성 물질로 돌아간다. 중성자는 원자핵 안에서 머물 때는 안정적이고 수명이 긴 반면, 자유롭게 날아다닐 때는 상태가 불안정해지면서 약 15분 안에 양성자, 전자, 반중성미자로 붕괴된다.

베타붕괴는 결국 중성자 붕괴다. 방사성탄소연대측정법도 중성자 붕괴 때문에 가능하다. 방사성탄소연대측정법에 사용되는 탄소-14 동위원소는 약한 상호작용을 통해 붕괴하여 질소-14로 변환되며, 반감기는 대략 5,700년이다. 한편 약한 상호작용으로 핵융합도 가능해진다. 태양과 행성 내부에서 수소가 중수소로 변환되고 다음으로 헬륨이 만들어진다. 무거운 원소들은 약한 상호작용을 통해 생성된다.

약력이라는 이름이 붙은 이유는 약력 장의 세기가 핵내 양성자와 중성자를 결합시키는 강한 핵력의 수백만분의 1정도, 전자기력의 수천분의 1 정도에 불과하기 때문이다. 전자기력이 먼 거리까지 전파할 수 있는 반면, 약력은 굉장히 좁은 범위에서만 작용한다. 약력이 영향을 미치는 범위는 대략 양성자 반지름의 0.1퍼센트 정도다.

베타붕괴

1930년대, 페르미는 베타붕괴 이론을 발전시키면서 약력의 특징을 찾기 시작했다. 그 과정에서 약력과 전자기력 사이의 유사점들을 발견했다. 전하를 띤 입자가 빛알을 교환하면서 상호작용을 하듯, 약력 역시 이와 비슷한 입자들을 주고받으며 전달되는 것이 틀림없었다.

물리학자들은 기본으로 돌아갔다. 중성자란 무엇인가? 하이젠베르크는 중성자를 양성자와 전자가 분자처럼 결합된 형태로 생각했다. 크기가 큰 핵과 입자들의 결합도 일종의 화학결합으로, 양성자와 중성자가 전자를 교환하며 결합된 상태라고 보았다. 하이젠베르크는 1932년에 여러 편의 논문을 발표하면서 헬륨 핵(양성자 2개와 중성자 2개가 결합한 구조)과 기타 동위원소들의 안정성을 설명하려고 노력했다. 그러나 그의 이론은 더 이상 나아가지 못했다. 이후 몇 년 동안 진행된 실험에서 양성자 2개가 결합하는 방식 또는 상호작용하는 방식은 설명이 불가능하다는 결과만 나왔던 것이다.

물리학자들은 대칭으로 눈을 돌렸다. 전자기적 전하는 항상 보존된다. 입자가 붕괴하거나 결합할 때 전하량은 더해지거나 상쇄될 수는 있지만 새로 생겨나거나 없어지지는 않는다. 양자물리학에서 보존되는 또 다른 특징으로는 '반전성parity'이 있다. 반전성이란 파동함수의 반사에서 보이는 대칭성이다. 입자가 측면에서 측면으로 또는 위에서 아래로 반사되었을 때 변하지 않는다면 짝반전성even parity을 가지고 있고, 변한다면 홀반전성odd parity을 가지고 있다고 말한다.

그런데 약력에서는 상황이 이렇게 깔끔하지가 않다. 1956년 양전닝과 리정다오는 약한 상호작용에서 반전성이 보존되지 않을 수 있다는 충격적인 가능성을 제시했다. 1957년 우젠슝과 에릭 앰블러 그리고 그들의 동료들은 워싱턴의 미국연방표준국에서 베타붕괴 때 방출되는 전자의 반전성을 측정하는 실험을 고안했다. 차가운 코발트-60 원자로부터 나오는 베타입자(전자)에 강한 자기장을 거는 것이다. 만일 반전성이 짝반전성이고 튀어나온 전자의 스핀 방향이 무작위로 분포되어 있다면, 결과는 대칭 패턴으로 나타날 것이다. 만일 전자의 스핀 방향에 어떤 우선적인 특징이 존재한다면 비대칭 패턴이 보일 것이다.

반전성 위반

물리학자들은 그 결과를 애타게 기다렸다. 파울리는 대칭이 보존될 것임을 확신했고, 자신이 예상한 결과에 기꺼이 거액을 걸겠다고 했다. 그는 '신이 약한 왼손잡이라는 것을 믿지 않는다'고 과감히 선언했다. 그로부터 채 2주가 지나지 않아 파울리는 자신이 실언을 했음을 인정했다. 반전성은 보존되지 않았던 것이다.

1년 후 브룩헤이븐 국립 연구소의 모리스 골드하버와 그의 팀은 중성미자와 반중성미자가 반대의 반전성을 가지고 있다고 밝혔다. 중성미자는 '왼손잡이', 반중성미자는 '오른손잡이'였다. 약력은 왼손잡이 입자들과 오른손잡이 반입자들에게만 작용하는 것으로 밝혀졌다. 오늘날 훨씬 더 많은 입자들이 알려졌고, 그림은 더욱 복잡해지고 있다. 그럼에도 불구하고 약한 상호작용에서는 반전성이 깨어진다는 사실은 뚜렷하게 남아 있다.

이에 이론물리학자들이 대거 이 문제에 몰려들었다. 1957년 11월, 슈윙거는 3개의 보손이 약력의 교환과 관련 있다고 제안했다. 전하를 전달하려면 3개의 보손 중 서로 반대의 전하를 띠는 한 쌍이 있어야 한다. 슈윙거는 이 두 보손을 W^+와 W^-라고 불렀다. 세 번째 입자는 중성이어야 하므로, 이는 빛알일 것이라고 가정했다. 베타붕괴에서 중성자가 붕괴하여 양성자와 W⁻가 되고, 다시 W⁻가 붕괴하여 전자와 반중성미자가 된다는 아이디어였다.

그보다 10년 전, 슈윙거는 약력이 미치는 영역이 대단히 제한적이라는 사실이 약력의 힘나르개가 무겁다는 의미가 아닐까 생각했었다. 빛알은 질량이 없어 굉장히 멀리까지 이동할 수 있다. 그러나 약력의 힘나르개는 너무 무거워서 핵을 벗어나지 못하는 것인지도 모른다. 그렇다면 W 보손들은 대단히 무겁고 수명이 짧아야 했다. W 보손이 거의 순식간에 붕괴된다면 왜 우리가 그동안 이 입자를 목격하지 못했는지를 설명할 수 있었다.

슈윙거는 대학원생이던 셸던 글래쇼에게 이런 내용을 연구하도록 지시했다. 글래쇼는 차분하게 연구를 수행해나갔다. 그는 W 입자들이 전하를 나른다는 것은 결국 약력과 전자기력이 서로 연결되어 있다는 의미임을 깨달았다. 그 후 몇 년 동안 글래쇼는 약력과 전자기력을 연결시키는 새로운 이론을 준비했다. 그러나 새 이론이 성립되려면 세 번째 중성 입자 역시 매우 무거워야 했다. 이 입자는 Z⁰라고 명명되었다. 그러므로 약력은 3개의 무거운 보손들, 즉 W⁺, W⁻, Z⁰에 의해 전달된다.

글래쇼의 이론은 1960년까지 꾸준히 발전했지만 차츰 힘을 잃었다. 양자전기역학이 그랬듯 글래쇼의 이론도 무한대투성이였고, 누구도 이를 상쇄할 방법을 생각해내지 못했다. 그가 씨름하던 또 다른 문제는 빛알은 질량이 없는데 왜 약력 나르개는 무거운 질량을 가져야 하는가를 설명하는 것이었다.

약전자기 이론

약력과 전자기력을 결합하려는 시도인 '약전자기' 이론은 양성자와 중성자에 대해 더 잘 이해하고, 이 두 입자가 더 작은 입자인 쿼크로 이루어져 있다는 사실이 밝혀지고 나서야 해법을 찾을 수 있었다. 약력은 쿼크를 하나의 유형(또는 맛깔)에서 다른 유형으로 변화시킨다. 중성자가 양성자로 변화하려면 쿼크 하나의 맛깔이 바뀌어야 한다.

질량 문제는 1964년 새로운 종류의 입자인 힉스 보손Higgs boson이 제시되면서 이론적으로 해결되었다. 이후 2012년 힉스 보손이 발견되었다는 보고가 나왔다. 힉스 보손은 W와 Z 보손을 끌어당기면서 실질적으로 이 두 입자에 관성을 부여한다. W와 Z 보손이 굉장히 무겁기 때문에, 상대적으로 약붕괴weak decay는 느리게 일어난다. 이런 이유로 중성자가 분해되는 데는 몇 분 정도가 걸리지만 빛알은 아주 짧은 순간에 방출된다.

1968년에 글래쇼, 압두스 살람, 스티븐 와인버그는 전자약력의 통일 이론을 제시했고, 그 성과로 노벨상을 받았다. 마르티뉘스 펠트만과 헤라르뒤스 토프트는 이론의 재규격화를 시도하여 무한 대항들을 없앴다. W와 Z 입자들이 존재한다는 증거는 1970년대 가속기 실험에서 계속 발견되었고, 1983년 CERN에서 입자들을 직접 검출했다.

거울 반사에서 대칭을 이루는 것이 자연의 법칙이라고 오랫동안 여겨졌지만, 약력은 그렇지 않다. 약력은 '한쪽 손을 더 잘 쓴다'.

1927 위그너, 파동함수의 반전성 개념 제안.
1956 양전닝과 리정다오, 약한 상호작용에서 반전성이 보존되지 않는다고 제시.
1957 우젠슝과 앰블러, 반전성이 베타붕괴에서 보존되지 않음을 밝힘.
1957 슈윙거, 세 가지 약력 나르개인 W$^+$, W$^-$, Z^{o}를 제시.
1964 힉스 장 제안.
1983 W 입자와 Z 입자의 직접적인 증거가 CERN에서 발견.

27 퀴크 Quarks

1960년대까지 물리학자들은 약 30여 종의 기본 입자들을 발견했다. 기본적으로 전자, 양성자, 중성자, 빛알과 더불어 파이온, 뮤온, 케이온, 시그마 입자들, 그리고 이들의 반입자들까지 무려 10여 종의 별난 입자exotic particles들이 등장했다. 페르미가 이를 두고 이렇게 말했을 정도였다. "내가 이 입자들 이름을 다 외울 수 있는 사람이었으면 차라리 식물학자가 되었을 것이다." 이러한 여러 입자들의 관계를 설명할 수 있는 일종의 주기율표에 대한 탐색이 시작되었다.

입자들은 물질을 구성하는 페르미온과 힘을 전달하는 보손의 두 가지 기본형으로 나뉜다. 페르미온은 또 다시 두 종류의 기본입자로 나뉜다. 그중 하나는 렙톤으로, 여기에는 전자, 뮤온, 중성미자가 포함된다. 다른 하나인 중입자(바리온)에는 양성자와 중성자가 속한다. 보손에는 빛알과 여러 가지 중간자(메손)들이 속한다. 강력을 책임지는 중간자에는 파이온과 케이온이 있다.

팔정도

파리의 콜레주 드 프랑스를 방문한 동안, 꽤 많은 양의 고급 와인도 즐기면서, 머리 겔만은 모든 입자들의 양자적 특성을 통합하고자 했다. 이는 마치 거대한 스도쿠 퍼즐을 푸는 것과 비슷했다. 전하와 스핀 같은 양자적 특성으로 입자들을 구분하자 어떤 패턴이 드러났고, 이 패턴은 8개의 입자(1/2 스핀의 중입자와 0 스핀의 중간자)가 포함된 2개의 묶음으로 설명할 수 있다는 사실을 발견했다. 1961년 그는 자신의 아이디어를 '팔정도the eightfold way'라는 이름으로 발표했다. 팔정도는 부처가 열반에 이르는 여덟 가지 올바른 길을 일컫는 이름이었다.

그러나 당시에는 오직 7개의 중간자만 알려져 있었다. 겔만은 과감하게도 여덟 번째 중간자가 존재할 것이라 예언했다. 이 잃어버린 중

머리 겔만 (1929~)

겔만은 오스트리아-헝가리 제국을 떠나 미국으로 이민 온 유대인 가정에서 태어났다. 그는 어릴 때부터 영재였다. 15세에 예일 대학교에 입학했고, 1948년 물리학 학사학위를 받은 후 MIT로 진학해 1951년 박사학위를 받았다. 1955년에는 칼텍의 교수로 임용되었다.

당시 발견된 우주선 입자들(케이온과 하이퍼론)을 분류하면서 그는 양자적 맛깔의 일종인 기묘도strangeness가 약한 상호작용이 아닌 강한 상호작용에 의해 보존된다고 제안했다. 1961년 그는 강입자들을 팔중 상태octet로 구분하는 체계를 개발했고, 이를 팔정도라고 불렀다. 1964년에는 강입자들이 3개의 '쿼크'로 이루어져 있다고 제안했다. 그는 또한 '색전하colour charge'가 보존된다고 제안하면서 양자색역학을 개발하기 시작했다.

겔만은 1969년 노벨 물리학상을 받았고, 뉴멕시코 샌타페이 연구소의 설립에 참여해 공동 대표를 역임했다.

간자는 몇 개월 후 UC버클리의 루이스 앨버레즈 팀에 의해 발견되었다. 곧이어 −3/2 스핀을 갖는 새로운 보손 트리오가 발견되자, 겔만은 이 새로운 입자들을 10개의 입자가 들어 있는 다른 세트에 맞춰 넣을 수 있다는 점을 발견했다. 패턴은 모양을 갖춰가고 있었다.

이렇게 배열을 해나가다 보니, 모든 기본 패턴의 바탕에 3개의 기본 입자가 있다고 하면 수학적으로 앞뒤가 맞았다. 만일 양성자와 중성자가 각각 더 작은 3개의 입자로 구성되어 있다면, 성분들을 다양하게 재배치하여 입자들의 가계도를 작성할 수 있었다.

이 기본 구성입자들은 전자의 전하량의 (+)(−)1/3 또는 2/3라는 특이한 전하량을 가져야 한다. 그래야 이 입자들이 모여 양성자의 +1 전하량 또는 중성자의 0 전하량을 만들어낼 수 있다. 지금까지 이런 분수 전하량은 듣도 보도 못했기 때문에 우스꽝스러웠다. 그래서 겔만은 농담처럼 이 가상의 입자에 '쿠오크quork' 또는 '크워크kwork' 같은 엉뚱한 이름을 붙였다.

쿼크와 맛깔

겔만은 제임스 조이스의 《피네간의 경야》를 읽다가 더 적절한 이름을 찾아냈다. "마크 대왕에게 쿼크 3개를!" 조이스가 쓴 '쿼크'는 갈매기의 울음소리를 표현한 것이었지만, 자신이 직접 만든 말과 비슷하게 들리는 것이 재미있기도 했고 특히 여기에서도 '3'이라는 숫자가 등장하는 것이 마음에 들었다. 1964년 그는 쿼크 이론을 발표하면서 중성자가 하나의 '위up'쿼크와 2개의 '아래down'쿼크로, 그리고 양성자는 3개의 위쿼크와 하나의 아래쿼크로 이루어져 있다고 제안했다. 따라서 베타붕사란 중성자의 아래쿼크가 위쿼크로 바뀌면서 양성자로 변환되는 과정이었고, 그 과정에서 W⁻ 입자가 방출되는 것이다.

마술과도 같은 겔만의 팔정도는 제대로 작동하는 것 같았지만, 겔만 자신도 그 이유는 몰랐다. 그는 팔정도를 단순한 수학적 장치로 이해했다. 쿼크 이론은 처음에는 사람들의 웃음거리였다. 쿼크가 물리적으로 존재할 것이란 증거는 거의 없었다. 그러나 1968년 스탠퍼드 선형 가속기 센터의 실험에서 양성자가 실제로 더 작은 입자로 구성되어 있다는 사실이 밝혀졌다.

오늘날 무수히 많은 입자들이 발견되고 있는 가운데, 겔만의 아이디어는 타당한 것으로 입증되었다. 현재는 쿼크에 여섯 가지 유형 즉 맛깔이 있다고 알려져 있다. 그 여섯 가지 유형이란 위, 아래, 야릇한, 맵시, 바닥, 꼭대기다. 맛깔들은 쌍으로 이루어져 있다. 위쿼크와 아래쿼크는 가장 가볍고 가장 흔하게 나타나는 것이다. 더 무거운 쿼크의 증거는 오직 고-에너지 충돌에서만 확인된다. 꼭대기쿼크는 1995년에야 페르미 연구소에서 검출되었다.

쿼크의 이상한 이름과 특징들은 대부분 즉석에서 만들어진 것이다. 가장 단순한 이름의 위쿼크와 아래쿼크는 각각의 아이소스핀^{isospin}에서 이름을 따온 것이다(아이소스핀은 강한 핵력과 약한 핵력에서 전자기론의 전하와 비슷한 양자 특성이다).

야릇한쿼크는 이 입자들이 우주선에서 발견되었을 때 '야릇하게도' 오래 살아남는 입자들의 구성 요소인 것으로 밝혀져 그런 이름이 붙었다. '맵시'쿼크는 이를 발견한 사람이 기쁨에 넘친 나머지 그렇게 명명했다. 바닥쿼크와 꼭대기쿼크는 위쿼크와 아래쿼크를 보완하는 이름으로 선택되었다. 어떤 물리학자는 위쿼크와 아래쿼크를 더 로맨틱하게 '진실'과 '아름다움'으로 부르기도 한다.

쿼크는 약한 상호작용을 통해 맛깔을 바꿀 수 있고 네 가지 기본 힘 모두에 반응한다. 모든 쿼크에 대하여 반쿼크가 있다. 쿼크로 만들어진 입자들은 강입자 또는 하드론hadron이라고 한다(그리스 어인hadros, 즉 거대하다는 뜻에서 따온 것이다). 쿼크는 독자적으로 존재하지 못하고 오직 강입자의 내부에서 3개가 결합된 상태로 존재한다.

쿼크의 '색'

쿼크는 독자적인 특징들을 가지고 있으며, 여기에는 전기적 전하, 질량, 스핀, 그 밖에 강한 핵력과 연결된 '색'전하가 포함된다. 쿼크의 색은 빨강, 초록, 파랑으로 불린다. 반쿼크는 반색anticolor를 갖는데, 예를 들어 빨강의 반색은 반빨강anti-red이다. 광학에서 빛의 3원색이 섞이면 백색광을 만들듯, 중입자들이 혼합되면 흰색을 만들어낸다.

여러 색깔의 쿼크 사이의 인력과 척력은 강력에 의해 지배되며 '글루온gluon'이라는 입자에 의해 매개된다. 강한 상호작용을 설명하는 이론을 양자색역학(QCD)이라고 부른다.

1961 겔만, 팔정도를 발표.
1964 겔만, 쿼크 이론을 발표.
1968 스탠퍼드 선형가속기 센터에서 쿼크 발견.
1995 꼭대기쿼크 발견.

28 심층 비탄성 산란 Deep inelastic scattering

1968년, 스탠퍼드 대학교의 물리학자들은 새로운 입자가속기에서 얻은 결과를 놓고 혼란스러워하고 있었다. 샌프란시스코 남쪽에 위치한 스탠퍼드 선형가속기 센터(SLAC)는 미국에서 가장 강한 에너지의 입자가속기는 아니었다. 가장 강한 가속기는 동부 해안에 위치한 브룩헤이븐 연구소에 있었다. 그러나 SLAC의 목표는 대담했다. 바로 양성자를 분해하는 것이다.

오늘날 브룩헤이븐의 것처럼 거대한 가속기들은 대부분 묵직한 양성자 빔을 충돌시키고 충돌의 파편들 사이에서 새로운 유형의 입자를 찾는다. 파인먼은 이러한 실험을 두고 '스위스 시계가 어떻게 작동하는지를 알아내기 위해 시계를 부수는 것과 비슷하다'는 유명한 말을 남겼다. SLAC 팀은 그 대신 빠른 전자 빔을 양성자에 쏘았다.

미국의 이론물리학자인 제임스 비요르켄은 전자가 양성자보다 훨씬

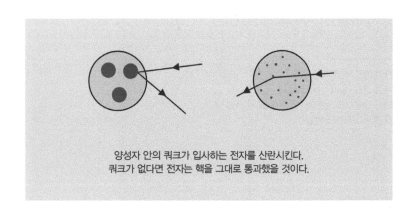

양성자 안의 쿼크가 입사하는 전자를 산란시킨다.
쿼크가 없다면 전자는 핵을 그대로 통과했을 것이다.

가벼워 영향력이 작은 반면 보다 정확하게 손실을 입힐 수 있다는 사실을 깨달았다. 에너지가 아주 높은 전자는 매우 압축된 파동함수를 가지고 있다. 전자는 아주 좁은 영역에 한해 정확히 일격을 가할 수 있기 때문에 양성자를 쪼개기에 적합했다. 본질적으로 SLAC의 물리학자들은 50년 전 알파입자를 금박에 쏘아 원자핵을 발견했던 러더퍼드보다 한 걸음 앞서 있었다.

1960년대의 물리학자들은 양성자가 무엇으로 만들어져 있는지 알지 못했다. 겔만은 양성자가 3개의 쿼크로 이루어져 있을 것이라 제안했지만, 이 아이디어는 순수한 이론에 불과했고, 실험물리학자들에게는 아무 소용도 없는 것이었다. 러더퍼드가 처음에 상상했던 '건포도 푸딩' 모양의 원자처럼, 양성자도 어떤 물질이 구형으로 번져 있는 것이리라 예상되었다. 아니면 보어의 원자처럼 양성자 대부분은 빈 공간이고 그 안에 아주 작은 구성 물질이 자리 잡고 있을지도 몰랐다.

두 종류의 충돌

SLAC 가속기 안에서 전자가 양성자와 충돌하는 방식에는 두 가지가 있다. 가장 단순한 경우는 전자가 핵을 맞고 튕겨 나오는 것으로, 두 입자는 손상되지 않고 운동량 보존의 법칙에 따라 반응한다. 운동에너지는 손실되지 않기 때문에, 이는 탄성충돌로 볼 수 있다. 또 다른 경우에는 전자가 비탄성충돌을 하고 운동에너지의 일부가 새로운 입자로 바뀐다.

비탄성충돌의 정도가 그렇게 심각하지 않을 수도 있다. 양성자는 기본적으로 제자리에 고정되어 있고 전자의 에너지를 일부 흡수해 파편의 형태로 다른 입자를 생성한다. 그러나 경우에 따라서는 전자가 양성자를 쪼개면서 밀어낼 수도 있다. 이때는 내부 구조가 완전히 폭파하면서 훨씬 많은 입자 파편이 생긴다. 이렇게 정도가 심한 충돌 과정을 '심층 비탄성 산란'이라고 부른다. 비요르켄은 심층 비탄성 산란을 통해 양성자의 구조를 알아낼 수 있음을 깨달았다.

만일 양성자가 매끄러운 물질이라면 양성자와 충돌한 후 전자의 진행 방향은 입사 경로와 비교해 조금밖에 틀어지지 않을 것이다. 양성자가 작고 단단한 알갱이로 이루어져 있다면, 상대적으로 가벼운 전자는 마치 러더퍼드 실험의 알파입자가 금의 원자핵을 맞고 튕겨 나온 것처럼 아주 큰 각도로 튕겨 나오게 될 것이다.

비요르켄의 팀은 재빨리 광범위하게 흩어진 수많은 전자들의 경로를 관찰했다. 그리고 산란된 전자들의 상대 에너지 최대치를 그래프로 그려 양성자의 내부 구조를 예측했다. 결과로 미루어볼 때 양성자는 아주 작은 알갱이들로 이루어진 것이 틀림없었다.

물리학자들도 충돌하다

이 알갱이들이 쿼크일 수도 있다는 해석이 바로 나온 것은 아니었다. 다른 가능성도 있었다. 양자전기역학에 관한 공로로 노벨상을 받고 집에 돌아온 파인먼은 다른 모델을 제시했다. 그 역시 양성자와 기타 강입자들이 더 작은 입자들로 이루어져 있는지 궁금했지만, 그만의 버전으로 그것을 '쪽입자parton'(강입자의 부분)라고 불렀다.

파인먼의 모델은 여전히 초기단계였다. 그는 쪽입자가 무엇인지 알지 못했지만, 양성자와 전자가 상대론적 효과로 인해 납작해질 경우 어떻게 서로 충돌할 수 있는지를 상상했다. 파인먼은 SLAC의 결과가 그의 쪽입자 모델을 뒷받침하고 있다고 확신했고, 자신의 명성이나 최근의 노벨상 수상 경력을 감안하면 한동안은 수많은 캘리포니아의 물리학자들이 기꺼이 그를 믿어줄 것이라 생각했다.

그러나 이후 이어진 실험에서 쿼크 모델을 뒷받침할 증거가 나오기 시작했다. 이제 중성자가 다음 목표가 되었고, 산란된 전자들은 미세하게 다른 패턴을 만들어냈다. 이는 중성자의 구성이 양성자와 약간 다르다는 사실을 암시하는 것이다. 그 후 실험의 정의가 무엇이었는지 데이터를 어떻게 해석할지 등을 놓고 치열한 논쟁이 몇 년 동안이나 이어졌지만, 결국 통과된 것은 쿼크 모델이었다.

양성자와 중성자 그리고 다른 중입자들은 내부에 3개의 산란점이 있고, 이는 3개의 위쿼크와 아래쿼크와 일치한다. 중간자는 쿼크와 반쿼크에 해당하는 2개의 산란점을 갖는다. 이 알갱이들은 대단히 작아서

셸던 글래쇼 (1932~)

글래쇼는 뉴욕으로 이민 온 러시아 이민자 가정에서 태어났다. 그는 와인버그와 같은 고등학교를 다녔고, 와인버그와 살람과 함께 1979년 노벨상을 공동 수상했다. 글래쇼는 코넬 대학교를 거쳐 하버드로 진학해 노벨상 수상자인 줄리언 슈윙거 밑에서 연구하며 박사학위를 받았다. 이후 그는 약전자기 이론을 개발했고, 1964년에는 비요르켄과의 공동작업에서 최초로 맵시쿼크를 예측했다. 1973년, 글래쇼와 하워드 조자이는 최초로 대통일이론grand unified theory을 제안했다. 초끈 이론에는 회의적인 태도를 보여 한때 '종양'이라고 부르기까지 했던 글래쇼는, 초끈 이론을 연구하는 사람들을 하버드 대학교 물리학과에서 내보내려고 애썼지만 성공하지 못했다.

전자와 마찬가지로 거의 점에 가깝다. 그리고 전하량은 기본 전하량의 3분의 1인데, 이는 쿼크의 개념과 일치한다.

1970년 글래쇼가 더 무거운 '야릇한' 입자(예: 케이온)의 붕괴로부터 맵시쿼크의 존재를 추론하면서 쿼크 모델은 거의 확정되었다. 1973년 무렵에는 대부분의 입자물리학자들이 쿼크 이론을 받아들이게 되었다.

그렇다면 두 가지 퍼즐이 남는다. 충돌 과정에서 보면 쿼크는 핵 안에서 독립적인 입자처럼 행동하는 것 같지만, 사실 쿼크는 자유롭게 풀려날 수 없다. 왜일까? 쿼크를 그 안에 묶어두는 양자적 접착제는 무엇일까? 그리고 만일 쿼크가 페르미온이라면, 어떻게 상태가 같은 두 입자가 양성자 또는 중성자 안에 나란히 존재할 수 있는 것일까? 파울리의 배타원리는 그곳에서도 적용되어야 하는데 말이다.

해답은 새롭게 발전된 양자장이론인 양자색역학(QCD)에서 찾을 수 있었다. 양자색역학에서는 쿼크의 다양한 특성과 이들을 지배하는 강력에 대해 연구한다.

1909 러더퍼드, 금박 실험을 수행.
1964 겔만, 강입자의 쿼크 모델을 제안.
1968 SLAC에서 양성자의 내부 구조가 밝혀짐.
1973 글래쇼와 조자이, 대통일이론을 제안.

29 양자색역학Quantum chromodynamics

1970년대에 이르러 물리학자들은 양성자와 중성자가 그보다 더 작은 쿼크라는 물질의 트리오로 구성되어 있다는 사실을 받아들이기 시작했다. 쿼크는 원래 겔만이 기본 입자의 특성이 갖는 패턴을 설명하기 위해 가정했던 입자였는데, 몇 가지 기이한 특징이 있었다.

스탠퍼드 선형가속기 센터에서 수행한 빠른 전자를 쏘는 실험에서 1968년 양성자의 입자성이 밝혀졌고, 이후 같은 실험에서 중성자의 정체가 밝혀졌다. 쿼크가 갖는 전하량은 기본 단위의 (+)(−)1/3 또는 2/3이며, 따라서 세 쿼크의 전하량의 합은 +1, 즉 양성자의 전하량이 되거나 아니면 0, 즉 중성자의 전하량이 된다.

SLAC 실험에서 쿼크는 자유로운 듯이 행동했다. 그러나 쿼크는 핵으로부터 독립할 수 없고, 핵 안에 묶여 있어야만 했다. 분수 전하량을 갖는 어떠한 입자도 현실 세계에서 목격된 적이 없었던 것이다. 마치 빈 컵 안에 콩이 들어 있는 것처럼, 양성자의 내부 공간에서 쿼크들이 굴러다니는 것 같았다. 쿼크를 그 안에 묶어두는 것은 무엇일까?

두 번째 문제는 쿼크가 1/2스핀의 페르미온이라는 점이었다. 파울리의 배타원리에 따르면 2개의 페르미온은 같은 특성을 가질 수 없다. 그럼에도 양성자와 중성자는 2개의 위쿼크 또는 2개의 아래쿼크를 포함하고 있다. 이것은 어떻게 가능할까?

색전하

1970년 잠시 물리학을 떠나 콜로라도 아스펜의 산속에서 여름을 보내던 겔만은 이 문제들을 생각하고 있었다. 그는 쿼크에 다른 양자수(전하, 스핀 같은)를 도입하면 배타원리 문제를 해결할 수 있다는 사실을 깨달았다. 이 특성을 그는 '색colour'이라고 불렀다. 예를 들어 위쿼크 2개가 서로 다른 색을 갖는다면 양성자 안에 함께 머물 수 있다.

겔만은 쿼크가 빨강, 초록, 파랑의 세 가지 색을 갖는다고 가정했다. 따라서 양성자와 중성자 안에 있는 위쿼크와 아래쿼크들은 서로 다른 색을 가지며, 파울리의 원리도 함께 보존된다. 양성자의 경우 빨강, 파랑의 위쿼크와 초록색 아래쿼크를 포함할 수 있다. 색은 오로지 쿼크에만 적용되고 양성자 같은 실제 입자에는 적용되지 않기 때문에, 실제 입자의 전체 색깔은 흰색이 되어야 한다. 이는 빛의 삼원색과 비슷한 개념이다. 따라서 3개의 쿼크 조합은 빨강, 초록, 파랑을 포함해야한다. 반입자들은 이와 동일한 '반색anti-color'을 갖는다.

1972년, 겔만과 하랄트 프리치는 세 쿼크의 색을 팔정도 모형에 도입했다. 이제 팔정도 모형에는 세 가지 맛깔과 색과 함께 색력을 전달할 8개의 새로운 힘나르개가 필요했다. 두 사람은 이 입자들을 글루온gluon이라고 불렀다. 겔만은 뉴욕 로체스터의 학회에서 이 모델을 간단히 소개했지만, 여전히 쿼크는 물론이거니와 색과 글루온까지도 실제로 존재하는 것인지 의심을 품고 있었다.

점근적 자유성

더욱 풀리지 않은 문제는 핵 안의 쿼크가 갇혀 있다는 것이었다.

SLAC의 실험에서는 이들이 가까이 있을수록 더 독립적으로 행동하고, 그 반대로 쿼크가 서로 떨어져 있으면 서로를 더욱 잡아당긴다는 사실이 밝혀졌다.

이러한 행동을 '점근적 자유성asymptotic freedom'이라고 한다. 즉 서로의 거리가 0일 때 쿼크들은 이론적으로 완전히 자유로우며 서로 상호작용하지 않는다. 강력의 이러한 측면은 거리가 멀어지면 세기가 감소하는 전자기력과 중력과는 완전히 반대여서, 우리의 직관으로는 파악하기가 어려웠다.

1973년 데이비드 그로스와 프랭크 윌첵, 그리고 이들과는 별도로 데이비드 폴리처가 점근적 자유성을 설명하기 위해 양자이론의 기틀을 확장하는 시도를 했다. 겔만과 그의 동료들은 그들의 연구를 더욱 발전시키면서, SLAC에서 보였던 산란 실험에서 작은 불일치를 계산

프랭크 윌첵 (1951~)

뉴욕 퀸스에서 자란 윌첵은 어린 시절부터 퍼즐을 좋아했고, 돈을 교환하는 여러 방법을 찾아내 놀면서 수학을 익혔다. 당시는 냉전시대이자 우주개척시대였고, 그의 아버지가 전자공학 야간강좌를 듣고 있었기 때문에 집에는 항상 TV와 라디오의 낡은 부품으로 가득 차 있었다고 회상했다. 가톨릭 신자로 자라면서 '존재 너머에 위대한 드라마와 거대한 계획이 있다'고 믿었던 윌첵은 신앙에 등을 돌렸고 과학에서 의미를 탐구하기 시작했다.

처음에는 뇌과학에 흥미를 느꼈지만, 시카고 대학교에 진학하면서 수학을 전공했다. 수학이 그에게 '최고의 자유'를 주었기 때문이었다. 그는 프린스턴에서 대칭에 관한 박사학위 논문을 썼고, 그곳에서 데이비드 그로스를 만나 약전기 이론을 연구했다. 윌첵은 그로스와 함께 강력의 기본 이론인 QCD의 개발을 도왔고, 2004년 데이비드 폴리처와 노벨상을 공동수상했다.

했다. 완전히 개념에만 머물던 쿼크 이론은 놀랍게도 진실이었다.

새로운 이론은 이름이 필요했다. 다음해 여름 겔만은 새로운 이름을 내놓았다. 그것이 바로 양자색역학, 즉 QCD다. 겔만은 양자색역학에 대해 '장점이 많고 약점은 알려진 게 없다'고 말했다.

단독으로 존재하지 않는 쿼크

그러나 이론은 완전하지 않았다. QCD에서는 왜 쿼크가 실제 세계에서 단독으로 모습을 보이지 않고 강입자의 핵 안에 갇혀 있는지에 대한 설명이 빠져 있었다.

역시나 이번에도 물리학자들은 이에 대한 설명을 찾아 나섰다. 쿼크가 양성자의 핵으로부터 끌려나오면 색력은 증가하고, 입자들을 붙잡고 있는 글루온이 잡아당긴 껌처럼 길게 늘어진다.

쿼크가 계속 탈출을 시도하면 길게 늘어지던 줄이 마침내 끊어지고, 글루온의 에너지는 쿼크-반쿼크 쌍으로 변환된다. 탈출하던 쿼크는 반쿼크에 의해 흡수되었다가 중간자와 같은 진짜 입자에 흡수된다. 다른 자유로운 쿼크는 여전히 핵 안에 머물러 있다. 쿼크들은 혼자서는 절대 색력을 벗어날 수 없다.

글루온은 전기적 전하량이 없는 빛알과는 달리 '색전하'를 나르며 서로 상호작용을 할 수 있다. 색 상호작용 과정을 통해 일련의 글루온들이 쿼크-반쿼크 쌍으로부터 생성될 수 있으며, 생성된 글루온들은 대체로 한 방향으로 날아가는 경향을 보인다. 이러한 '글루온 분사gluon jets'는 1979년 관측되어 글루온이 실존한다는 증거가 되었다.

이후 몇 년 동안 쿼크들이 추가로 발견되었다. 맵시쿼크는 1974년에, 바닥쿼크는 1977년, 그리고 마지막으로 꼭대기쿼크가 1995년에 발견되었다. QCD는 다른 양자장이론들과 나란히 서게 되었다. 이제 남은 것은 세 가지 주요 힘, 즉 전자기력, 약력, 강력을 통합하는 방법을 발견하여 입자물리의 표준모형을 설명하는 것이었다.

1973 그로스·윌첵·폴리처, 양자색역학 발표.
1974 맵시쿼크 발견.
1977 바닥쿼크 발견.
1979 글루온 분사 관측.

30 표준모형 The Standard Model

1980년대 중반 무렵, 물리학자들은 지난 한 세기 동안 발견된 수많은 기본 입자들에 마지막 손길을 더하고 있었다. 1950년대와 60년대의 이론물리학자들이 실험에서 보이는 결과들에 충격을 받았다면, 1970년대에는 입자가속기들이 입자물리학의 표준모형이 될 이론에 마침표를 찍고 있었다.

보어가 원자 구조에 개시 사격을 가한 이래로, 전자는 오로지 양자역학으로만 설명이 가능한 특이한 확률적 존재이며, 파동함수의 형태로 서술되는 입자임이 밝혀졌다. 핵은 더 이상했다. 탄성을 지닌 글루온에 묶인 쿼크부터 묵직한 W와 Z 보손 그리고 쏜살같이 빠른 중성미자까지, 물질들은 사다리처럼 결합하여 우리가 잘 아는 작용들, 이를 테면 방사능 같은 현상을 만들어냈다.

처음에는 우주선cosmic ray을 연구하는 과정에서 새로운 입자들이 나왔고, 이후에는 입자가속기와 충돌기 안에서 무수한 입자들이 발견되었다. 새 입자들이 계속해서 튀어나올수록 겔만의 수학적 직관은 한 걸음씩 앞으로 나아갔다. 그가 1961년 발표한 팔정도 이론은 입자의 양자수에 의해 지배되는, 입자 가족들의 근간이 되는 대칭을 설명했다. 그 뒤를 이어 쿼크 이론과 양자색역학이 등장했다.

1990년대까지 표준모형 틀 안에 남은 기본 자리는 꼭대기쿼크(1995년 발견)와 타우중성미자(2000년 발견)를 위한 자리뿐이었다. 2012년 발견된 힉스 보손은 금상첨화 같은 존재였다.

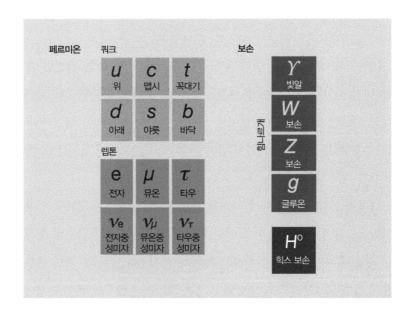

3세대

표준모형에서는 세 종류의 세대generation에 속하는 물질 입자들이 세 가지 기본 힘을 통해 일으키는 상호작용을 설명한다. 기본 힘들은 각자의 힘나르개에 의해 매개된다. 입자는 세 가지 기본 유형으로 나뉜다. 먼저 양성자, 중성자처럼 쿼크로 이루어진 강입자와, 전자를 포함하는 렙톤, 그리고 빛알처럼 힘의 전달과 연관된 보손이 있다. 강입자와 렙톤은 각각에 해당하는 반입자가 있다.

쿼크도 세 종류가 있다. 쿼크는 빨강, 파랑, 초록의 세 가지 '색'을 갖는다. 전자와 양성자가 전기적 전하를 나르는 것처럼, 쿼크는 '색전하'를 나른다. 색력은 '글루온'이라고 하는 힘입자force particle에 의해 매개된다.

색력은 거리가 멀어지면 약해지는 것이 아니라 오히려 고무줄처럼 쿼크를 잡아당기며 더욱 강해진다. 색력이 쿼크를 단단히 묶어놓기 때문에 쿼크는 절대 분리될 수 없으며 독자적으로 존재하지 못한다. 쿼크로 만들어진 개별 입자들은 모두 색에 대하여 중성이다. 쿼크의 모든 색이 혼합되며 백색이 되는 것이다. 양성자와 중성자처럼 쿼크 3개로 이루어진 입자들은 '바리온baryon'('bary'는 무겁다는 의미이다) 또는 중입자라고 하고, 쿼크-반쿼크 쌍으로 이루어진 입자들은 '메손meson' 또는 중간자라고 한다.

쿼크는 질량이 있으며 '맛깔'이라 불리는 여섯 가지 유형이 있다. 쿼크는 3세대로 분류되며 3개의 상보쌍으로 나눈다. 쿼크의 이름은 '위'와 '아래', '야릇한'과 '맵시', '꼭대기'와 '바닥'으로, 그때그때 즉흥적으로 지어졌다. 위, 맵시, 꼭대기쿼크의 전하량은 +2/3이고, 아래, 야릇한, 바닥쿼크는 −1/3이다. 양성자는 위쿼크 2개와 아래쿼크 하나, 중성자는 아래쿼크 2개와 위쿼크 하나로 이루어져 있다.

렙톤에는 전자와 중성미자가 속하는데, 이들은 강한 핵력의 대상이 아니다. 렙톤도 쿼크처럼 6개의 맛깔이 있으며, 질량의 증가에 따라 3세대로 분류한다. 전자, 뮤온, 타우와 각각에 해당하는 중성미자(전자중성미자, 뮤온중성미자, 타우중성미자)가 이에 속한다. 뮤온의 질량은 전자보다 200배 정도 무겁고 타우는 3,700배 무겁다. 중성미자는 질량이 거의 없다. 전자와 유사한 렙톤들은 −1의 전하량을 갖는다. 중성미자는 전하가 없다.

힘을 나르는 입자로는 전자기력을 전달하는 빛알과 약한 핵력을 나르는 W와 Z 입자, 그리고 강한 핵력을 매개하는 글루온이 있다. 이들은 모두 보손이며 파울리의 배타원리의 대상이 아니다. 이 말은 입자들이 어떠한 양자상태로도 존재할 수 있다는 뜻이다. 쿼크와 렙톤은 페르미온이며 파울리의 규칙을 정확히 따른다. 빛알은 질량이 없고 글루온은 매우 가벼운데, W와 Z 입자는 상대적으로 무겁다. 다른 장field에 의해 W와 Z 보손에 질량이 부여되기도 하는데, 이러한 장을 힉스 장Higgs field이라고 한다. 힉스 장은 힉스 보손에 의해 매개된다.

입자 분쇄

이러한 입자 동물원은 최첨단 기술의 발전 덕분에 발견될 수 있었다. 원자로부터 분리되어 나온 것을 별개로 치면, 최초의 별난 입자는 우주선에서 유래되었다. 우주선은 우주에서 지구로 유입되는 고−에너지 입자들인데, 지구의 대기 상층부와 충돌하면서 대량의 2차 입자들이 비처럼 쏟아져 내리게 된다. 입자물리학자들은 이를 포착한다.

1960년대, 입자가속기들은 에너지를 더욱 높이 올렸고, 아무것도 없는 맨바닥부터 입자를 생성하는 것이 가능해졌다. 빠른 양성자 빔을 목표물을 향해 쏘거나 반대 방향에서 날아오는 빔을 향해 쏨으로써, 충돌 과정에서 새로운 유형의 입자들이 생성될 수 있었다. 대단히 무거운 입자들을 생성하려면 높은 에너지까지 도달해야 했고, 따라서 이 입자들은 가장 마지막에 발견되는 경향이 있었다. 또한 강한 핵력을 비틀어 잠시 동안 쿼크를 떼어내는 데에도 많은 에너지가 필요하다.

물리학자들은 입자들을 자기장에 통과시켜 식별한다. 하전입자들은 자기장을 통과하면서 각자 대전된 전하의 부호에 따라 오른쪽 또는 왼쪽으로 방향을 바꾼다. 입자의 질량과 속도에 따라서도 방향이 달라지는데, 어떤 입자는 빽빽한 나선 경로를 그리기도 한다.

두드러진 문제들

표준모형은 대단히 탄력적인 이론임이 입증되었고, 표준모형의 개발은 분명 대단한 성과다. 그러나 물리학자들은 아직까지는 환호성을 올리지 않고 있다. 약 61종의 입자와 20개의 양자 변수가 포함된 표준모형은 덩치가 크고 무겁다. 이러한 변수들의 값은 모두 이론적으로 예측되었다기보다는 실험을 통해 도출된 것이다.

여러 입자들의 상대적 질량도 이해가 가지 않는다. 한 예로 왜 꼭대기쿼크는 바닥쿼크보다 훨씬 더 무거운가? 그리고 왜 타우 렙톤의 질량은 전자의 질량보다 그렇게 더 큰가? 입자들의 질량은 지나치게 들쑥날쑥해 보인다. 여러 가지 상호작용의 강도, 약력과 전자기력의 상대적 세기도 마찬가지로 불가사의하다. 힘의 세기는 측정할 수 있지만, 힘들이 그런 패턴을 보이는 이유는 무엇일까?

그리고 표준모형에는 여전히 구멍이 있다. 표준모형에는 중력이 포함되지 않는다. '중력자graviton', 즉 중력을 나르는 입자가 있을 것이라고 추정하고는 있지만 아직은 개념에 불과하다. 아마도 언젠가는 물리학자들이 표준모형에 중력을 포함시킬 날이 올지도 모른다. 대통일 이론(GUT)grand unified theory은 거대하지만 아직은 요원한 목표다.

표준모형으로 아직 설명되지 않는 문제들 중에는 물질−반물질의 비대칭, 암흑 물질과 암흑 에너지의 특성 같은 우주의 비밀도 포함되어 있다. 알아야 할 것은 아직도 많이 남아 있다.

1964 겔만, 강입자의 쿼크 모형을 제안.
1964 힉스, 힉스 장 제안.
1968 SLAC에서 양성자의 구조를 밝힘.
1968 글래쇼·살람·와인버그, 약전자기 이론 제안.
1973 그로스·윌첵·폴리처, 양자색역학 이론 발표.
2000 타우중성미자 발견.

양자
우주

31 대칭 깨짐 Symmetry breaking

우리는 모두 대칭 개념에 익숙하다. 나비의 날개에 그려진 무늬는 서로 완벽하게 겹쳐진다. 사람의 얼굴도 대칭을 이룰 때 아름답다고 느껴진다. 이러한 대칭, 달리 말해 변환을 거쳐도 무너지지 않는 특징은 물리학 대부분의 바탕을 이룬다. 17세기 갈릴레이와 뉴턴은 우주가 어느 곳에서든 동일하게 작용한다고 가정했다. 지구에서 적용되는 법칙은 행성에서도 똑같이 작용하고, 우리가 몇 미터를 움직이든 몇백만 광년을 이동하든, 제자리회전을 하든 물구나무를 서든 자연의 법칙은 항상 불변이라고 믿었다.

아인슈타인의 특수상대성이론과 일반상대성이론은 우주가 모든 관찰자에게 동일하게 보여야 하며, 관찰자가 어느 위치에 있든, 빠른 속도로 움직이든 가속운동을 하든 상관없이 동일하게 보여야 한다는 사실에서 동기를 얻었다. 맥스웰의 고전 전자기 방정식은 전기장과 자기장의 대칭을 이용한 것으로, 관측하는 관점에 따라 전기장과 자기장의 특징이 서로 바뀐다는 점을 이용했다.

입자물리학의 표준모형 역시 대칭을 고찰하던 과정에서 발전했다. 겔만은 입자의 양자수에서 규칙적인 패턴을 찾아냄으로써 기본 입자들의 퍼즐 조각들을 모아 맞췄고, 그 결과 쿼크 세쌍둥이의 존재를 예측할 수 있었다.

아인슈타인, 맥스웰, 겔만은 모두 대칭의 수학을 깊이 신뢰한 덕분에 혁신적인 이론을 내놓을 수 있었다. 그들은 자연이 특정 규칙을 따른다는 믿음을 바탕으로 기존의 관측 결과나 통념에 얽매이지 않고 완전히 새로운 이론을 도출할 수 있었고, 그들의 기이한 가설은 이후에 사실로 판명되었다.

게이지 대칭

양자 세계는 대칭으로 가득 차 있다. 현실 세계에서 관측되는 것과 그 아래에서 실제로 일어나는 일은 단절되어 있기 때문에, 양자역학과 양자장이론의 방정식들은 조정이 가능해야 한다. 예를 들어 파동역학과 행렬역학도 이론이 형성된 과정과는 상관없이 같은 실험에서는 같은 결과를 내야 한다. 전하, 에너지, 속도처럼 관측 가능한 물리량은 어떤 규모로 그와 관련된 장field을 설명하든 간에 항상 같은 결과로 보여야 하는 것이다.

물리 법칙은 관찰되는 물리량이 좌표 또는 눈금(게이지)의 변환에 영향을 받지 않도록 기술되어야 한다. 이를 '게이지 불변성' 또는 '게이지 대칭'이라고 하고, 이 규칙을 따르는 이론들을 게이지 이론이라고 부른다. 이러한 대칭이 실제로 이루어지는 한, 현상을 설명하기 위해 얼마든지 방정식을 재배열할 수 있다.

맥스웰의 방정식은 게이지 변환에 대칭적이다. 일반상대성이론도 마찬가지다. 그러나 이 접근법이 가장 강력하게 일반화된 것은 1954년 양전닝과 로버트 밀스가 강한 핵력에 게이지 변환을 적용했을 때였다. 게이지 변환은 입자의 대칭 그룹을 찾던 겔만에게 영감을 주었고, 약력의 양자장이론과 전자기론을 약전자기 이론에 통합시키는 데에도 활용되었다.

보존

대칭은 보존 법칙과 밀접하게 연관되어 있다. 에너지가 보존된다면 게이지 불변성에 따라 전하량 역시 보존되어야 한다. 장의 절대 눈금을 모르면 전하량의 값을 규정할 수 없다. 장을 설명할 때 가장 중요한 것은 상대적인 효과다.

게이지 대칭은 하나의 유형에 속하는 입자들을 왜 서로 구분할 수 없는지 설명한다. 어느 두 입자가 위치를 바꾸면 우리는 전혀 알 수 없다. 빛알들도 서로 구별되는 것처럼 보이지만 실은 불가분의 관계로 연결되어 있다.

물리학에서 중요하게 다루는 또 다른 대칭으로 시간이 있다. 자연의 법칙은 오늘도 내일도 언제나 동일하며, 반입자는 시간을 뒤로 돌리면 실제 입자와 동일하다. 그리고 반전성도 있다. 반전성은 파동함수의 대칭의 척도를 의미하는 용어로, 짝반전성은 반사에 대하여 대칭이고 홀반전성은 대칭이 아니다.

대칭 깨짐

대칭은 가끔 깨진다. 예를 들어 약한 핵력은 반전성이 보존되지 않고 전자와 중성미자 같은 왼손잡이 입자들을 선호한다. 손대칭성 handedness(또는 카이랄성) 역시 양자색역학에서 쿼크가 갖는 특성인데, 왼손잡이 입자는 움직이는 방향과 스핀의 방향이 같다. 물질과 반물질은 우주 안에서 균형이 맞지 않는다. 그리고 입자들의 질량이 다양하다는 사실을 설명하기 위해서도 대칭 깨짐이 필요하다. 대칭 깨짐이 아니라면 입자들은 모두 질량이 없어야 한다.

물이 재빨리 얼어 얼음이 되는 것처럼, 대칭 깨짐도 빠르게 일어난다. 임계점에서 하나의 계가 새로운 상태로 넘어가는 순간을 관측해보면, 얼핏 무작위로 발생하는 것처럼 보인다. 예를 들어 연필을 연필심 끝으로 세워 넘어지지 않고 균형을 이룬 상태를 생각해보자. 연필이 똑바로 서 있을 때는 대칭적이다. 연필이 어느 한 방향으로 넘어질 확률은 모든 방향에 대하여 동일하기 때문이다. 그러나 일단 연필의 균형이 무너지면 어느 한 방향을 선택해 넘어진다. 대칭이 깨진 것이다.

또 다른 예로는 막대자석 안의 자기장 모양을 들 수 있다. 쇳조각을 뜨겁게 달구면 쇠 내부의 자기장들은 제멋대로 움직이며 아무 방향이나 향한다. 따라서 쇳조각 전체를 보면 자기장이 없다. 그러나 쇳조각을 약 700℃의 임계온도(이 온도가 퀴리 온도다) 이하로 식히면, 원자들은 '상전이'를 거친 후 대부분 한 방향으로 정렬된다. 차가워진 쇠는 N극과 S극이 생긴다.

이와 유사한 상전이가 어린 우주에서 일어났으며, 이로 인해 왜 오늘날 하나가 아닌 4개의 기본 힘이 생겼는지를 설명한다. 빅뱅이 막 일어난 직후의, 아주 초기의 우주는 어마어마하게 뜨거웠고 이때는 네 가지 힘들이 모두 합쳐져 있었다. 막대자석이 냉각되는 과정처럼 우주도 대칭이 깨지는 상전이를 겪었다.

하나의 힘으로부터 다양한 힘이 튀어나왔다. 빅뱅 이후 약 10^{-43}초 만에 중력이 제일 먼저 분리되었다. 10^{-36}초에는 강한 상호작용이 나타나면서 쿼크들이 한데 뭉쳤다. 약력과 전자기력은 마지막까지 결합되어 있다가 10^{-12}초에 다른 힘들과 마찬가지로 분리되었다.

이 약전기력의 상전이가 일어났을 때 우주의 에너지는 약 100GeV

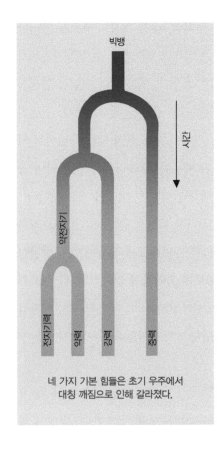

빅뱅

시간

약전자기

전자기력

약력

강력

중력

네 가지 기본 힘들은 초기 우주에서
대칭 깨짐으로 인해 갈라졌다.

이다. 이 에너지보다 높을 때에는 약한 상호작용을 매개하는 W, Z 보손과 빛알을 구분하는 것이 불가능하며, 약전자기 상호작용을 매개하는 나르개들이 이들의 등가입자다. 그러나 이 에너지보다 낮을 때, 빛알은 질량이 없고 W와 Z 보손들은 무겁다. 따라서 보손들은 대칭 깨짐 과정 중에 질량을 얻는 것이다.

대칭 깨짐은 게이지 보손들의 질량이 왜 서로 다른지, 왜 어떤 것은 무겁고 어떤 것은 가벼우며 어떤 것은 아예 질량이 없는지를 설명한다. 자발적 대칭 깨짐이 없었다면 모든 입자들은 질량이 없었을 것이다. 이와 관련된 메커니즘을 힉스 장 Higgs field이라고 하며, 1960년대에 이 주제를 연구한 물리학자 피터 힉스의 이름에서 따온 것이다.

1873 맥스웰, 전자기 방정식을 발표.
1905 아인슈타인, 특수상대성이론을 발표.
1915 아인슈타인, 일반상대성이론을 발표.
1954 양전닝과 밀스, 강력의 게이지 이론을 발표.
1961 겔만, 팔정도 이론을 발표.
1964 힉스 메커니즘이 제안됨.
1968 글래쇼·살람·와인버그, 약전자기 이론을 제안.
1973 그로스·윌첵·폴리처, 양자색역학을 발표.

32 힉스 보손 The Higgs boson

1960년대까지는 네 가지 기본 힘들이 서로 다른 입자들에 의해 전달된다고 알려져 있었다. 빛알은 전자기 상호작용을 매개하고, 글루온은 강한 핵력으로 쿼크를 연결시킨다. 그리고 W와 Z 보손은 약한 핵력을 나른다. 그러나 질량이 없는 빛알과는 달리 W와 Z 보손들은 매우 무거워서 양성자 질량의 100배에 달한다. 왜 이렇게 입자들의 질량은 제각각인 걸까?

물리학자들은 대칭을 고려해보았다. 일본 태생의 미국 이론물리학자인 난부 요이치로와 영국의 물리학자인 제프리 골드스톤은 자발적인 대칭 깨짐 메커니즘이 힘의 분리 과정 중에 여러 종류의 보손을 생성했을 것이라고 제안했다. 그러나 그들의 모델에서도 보손들은 질량이 없었다. 그렇다면 모든 힘나르개들은 빛알과 유사한 특성을 가져야 했다.

이 논리는 앞뒤가 맞지 않았다. 물리학자들은 근거리 힘의 매개에는 질량이 있는 힘나르개들이 필요하다고 생각했다. 빛알처럼 질량이 없는 보손은 먼 거리를 이동할 수 있지만, 핵력은 분명 좁은 범위에서 작용한다. 약력과 강력의 힘나르개가 질량이 있어야 이 힘들이 그렇게 좁은 범위에서만 작용한다는 사실이 설명된다.

진공에서 힘나르개를 창조하려던 난부와 골드스톤의 헛된 노력에 대해, 동료 물리학자인 스티븐 와인버그는 셰익스피어의 〈리어왕〉을 인용해 "무無로부터 나오는 것은 무無뿐이다."라고 말했다.

응집물질 물리학자인 필 앤더슨은 초전도체의 짝지은 전자의 작용에서 착안해 한 가지 제안을 했다. 난부와 골드스톤의 질량 없는 보손들이 실질적으로는 서로를 상쇄하여 유한한 질량을 가진 입자들이 남게 된다는 아이디어였다.

이후 1964년에 이 아이디어를 확장한 논문들이 쏟아져 나왔다. 주로 세 연구팀에서 발표를 주도했는데, 코넬 대학교의 로버트 브라우트와 프랑수아 앙글레르, 에든버러 대학교의 피터 힉스, 그리고 런던 임페리얼 칼리지의 제럴드 구럴닉, 칼 하겐, 톰 키블이 그들이었다. 이들이 도출한 메커니즘은 현재 힉스 메커니즘이라고 부른다.

세 팀이 모두 비슷한 계산을 수행하는 동안, 힉스는 보손의 관점에서

'신의 입자'
노벨상 수상자인 리언 레이더먼은 자신의 책에서 힉스 보손을 '신의 입자'라고 불렀다.

메커니즘을 설명하는 작업을 했다. 이 보손을 힉스 보손이라고 한다.

힉스 보손

힉스는 W와 Z 힘나르개가 배경 힘장force field을 통과하며 속도가 느려진다고 생각했다. 오늘날 힉스 장이라고 부르는 이 장은 힉스 보손에 의해 매개된다. 이와 비슷한 경우를 예로 들어보자. 물이 담긴 유리잔 안에 구슬을 떨어뜨리면 공기 중에서 떨어질 때보다 속도가 더 느리다. 그렇다면 구슬이 물 안에서 더 무겁다고 설명할 수 있다. 중력이 액체 안에 있는 구슬을 잡아당기는 데 시간이 더 걸리는 것이다. 물엿이 든 컵에 구슬을 떨어뜨리면 구슬은 더 천천히 가라앉을 것이다. 힉스 장은 물엿과 비슷한 작용을 한다.

다른 예로 어느 유명 연예인이 칵테일파티에서 어슬렁거리고 있다고 생각해보자. 연예인은 방 밖으로 나가려 한 걸음씩 내딛지만, 그를 붙잡는 팬들 때문에 허우적거리다 보면 걷는 속도는 계속 느려지게 될 것이다. W와 Z 보손은 이런 연예인의 매력을 지닌 입자들이다.

피터 힉스 (1929~)

영국 뉴캐슬에서 태어난 힉스는 어린 시절 BBC 음향 엔지니어였던 아버지 때문에 한곳에 정착하지 못하고 계속 이사를 다녔고, 그 와중에 제2차 세계대전까지 발발한 탓에 홈스쿨링을 해야 했다. 그는 나중에 디랙이 다녔던 브리스톨 그래머 스쿨에 다녔다.

힉스는 런던 킹스 칼리지에서 물리학을 공부했고 1960년 에든버러 대학교에서 강사가 되었다. 입자에 질량을 부여하는 보손에 관한 아이디어는 1964년 스코틀랜드의 황야를 거닐다가 생각해냈다고 한다.

힉스 힘은 빛알보다 W와 Z 보손에 더 강력히 작용해서 이 입자들이 더 무겁게 보이는 것이다.

결정적 증거

힉스 보손이 존재한다는 힌트는 2011년 얻었지만, 결정적 신호는 2012년 확실하게 잡히면서 화려한 팡파르를 울렸다. 힉스 보손이 존재하려면 엄청난 에너지가 필요하기 때문에(100GeV 이상) 입자를 발견할 수 있는 기계를 제작하는 데만도 10년이 넘게 걸렸다. 드디어 2009년, 스위스의 CERN에 있는 수십억 달러짜리 거대 강입자 충돌기(LHC) Large Hadron Collider가 가동을 시작했다.

CERN은 유럽원자핵공동연구소(the Conseil Europeen pour la Recherche Nucleaire)의 약자로, 제네바 근처에 자리한 대규모 입자물리 연구소이다. 스위스와 프랑스 국경 아래 약 100미터 지하에 27킬로미터 길이의 터널 고리가 있고, 그 안에서 입자 빔들이 거대한 초전도 자석에 의해 가속된다.

마주보는 방향에서 날아오는 양성자 빔이 서로 충돌한다. 대학살의 현장이 펼쳐지면서, 충돌로 생성된 거대한 에너지로 인해 다양한 무거운 입자들이 아주 잠깐 동안 방출되고, 이 입자들의 기록이 검출기에 남는다. 힉스 보손은 무겁기 때문에 에너지가 아주 높아야만 나타날 수 있고, 하이젠베르크의 불확정성 원리 때문에 극히 짧은 시간 동안만 존재할 수 있다. 게다가 10억 개가 넘는 다른 입자들의 흔적에 힉스 입자의 흔적이 파묻혀버리기 십상이다. 따라서 매우 어려운 추적이 될 수밖에 없다.

2012년 7월 4일, CERN의 두 실험팀은 표준모형에서 힉스 보손의 에너지로 예측한 값(126GeV)을 지닌 새로운 입자를 발견했다고 주장했다. 그 후 2013년 3월 14일 공식적으로 힉스 입자의 발견을 발표했으나 입자물리학자들에게는 해결해야 할 새로운 과제들이 주어졌다.

먼저 힉스 보손은 정확히 어떤 메커니즘을 통해 질량을 부여하는가? 중성미자부터 꼭대기쿼크까지, 표준모형으로 설명해야 하는 질량 값은 14종에 달한다. 그리고 또, 힉스 보손은 자신의 질량을 어떻게 스스로에게 부여하는가? 이야기는 계속된다.

1687 뉴턴, 질량에 관한 등가 방정식을 세움.
1961 골드스톤, 대칭 깨짐 과정에서 생기는 보손을 제안.
1964 힉스와 다른 두 팀에서 힉스 메커니즘 발표.
2013 힉스 입자 발견 공식 발표.

33 초대칭 Supersymmetry

표준모형은 60여 종의 기본 입자들의 다양한 특징을 한데 결합시키는 놀라운 성과를 일구어냈다. 수많은 입자들은 고급 초콜릿 상자에 든 초콜릿처럼 각자의 스타일에 따라 층층이 구분된다. 그러나 표준모형은 여전히 매우 복잡했고, 물리학자들은 기본적으로 단순함을 동경하는 사람들이다.

아직 해결되지 않은 문제들도 많았다. 왜 그토록 많은 입자들의 특징을 분류하면 3개의 묶음으로 나뉘는 것일까? 왜 렙톤(전자, 뮤온, 타우와 각각에 해당하는 중성미자들)은 3세대로 나뉘는가? 노벨상 수상자인 이지도어 라비는 두 세대를 감당하기에도 벅찼다. 그는 2세대 입자인 뮤온이 발견되자 이렇게 외쳤다. "이 뮤온은 누가 주문한 거야?" 렙톤처럼 3세대로 나뉘는 쿼크도 마찬가지로 설명이 필요하다.

왜 이렇게 입자들의 질량은 다양한 걸까? 페르미온들은 전자부터 꼭대기쿼크까지 6종의 질량 값을 갖는다. 최근 중성미자 진동의 발견을 통해 중성미자도 아주 작은 질량을 갖는 것으로 밝혀졌는데, 그렇다면 질량의 범위는 13 또는 14종의 값으로 늘어난다. 입자는 이렇게 많은 경우의 수 가운데 왜 하필 그 값의 질량을 갖게 되는 것일까?

네 가지 기본 힘의 세기는 힘을 나르는 입자의 질량과 관계가 있는데, 이 역시도 표준모형에서는 설명이 되지 않는다. 왜 강력은 강하고 약력은 약한 걸까? 힉스 보손 문제도 있다. 힉스 보손의 존재는 애초에 약전자기 상호작용에서 대칭을 깨기 위한 용도로 가정된 것이다. 지금까지는 단 하나의 힉스 보손만 알려져 있다. 이와 비슷한 입자가 또 있을 수도 있을까? 이외에 또 무엇이 있을까? 표준모형의 패턴에는 규칙성이 있긴 하지만, 전체적인 틀은 아무래도 너무 즉흥적으로 보인다.

표준모형을 넘어서

표준모형이 이렇게 뒤죽박죽이라는 것은 우리가 아직 도달하지 못한 무언가가 있음을 시사한다. 언젠가 표준모형이 더 광범위하고 더 우아한 어떤 완전한 이론의 일부임을 깨닫는 날이 올지도 모른다. 물리학자들은 대칭 개념처럼 기본적인 정의와 개념으로 다시 돌아가, 중요한 이론이 가져야 할 특징을 생각해보고 있다.

어떤 현상을 이해하기 위해 보다 근본적인 바탕을 찾을 때, 물리학자들은 항상 더 작은 눈금을 본다. 이상기체, 압력, 열역학의 물리학은 분자의 작용을 이해해야 하고, 원자와 관련된 이론은 전자와 핵을 이해해야 한다.

전자의 경우를 생각해보자. 어느 정도 거리를 두고 전자를 살펴보면 전자기 방정식을 사용해 전자의 특징을 설명할 수 있다. 하지만 전자에 가까이 다가갈수록 전자가 자기 자신에 미치는 영향력이 점점 더 지배적이 된다. 수소 스펙트럼선의 미세한 구조가 보여주는 바와 같이, 전자의 전하, 크기, 모양은 매우 중요하다.

양자전기역학의 발전 과정에서 알 수 있듯이, QED는 전자를 파동함수로 간주하고 특수상대성이론의 효과까지 포함하는 양자역학적 관점을 채택했다. 디랙은 1927년 이러한 내용을 이론으로 정리했지만, 그 결과와 함께 예상치 못한 새로운 그림이 등장했다. 반물질의 존재였다. 우주에 존재하는 입자의 개수는 2배가 되었고, 수많은 새로운 상호작용들이 고려 대상으로 떠올랐다.

전자를 기술하는 방정식은 양전자도 존재할 때라야 앞뒤가 맞는다. 양전자의 양자적 특징은 전자를 정확히 뒤집은 것과 같다. 전자와 양전자는 진공 공간에서 불쑥 나타났다가 다시 소멸하며, 이 둘의 지속 시간은 하이젠베르크의 불확정성 원리에 의해 결정된다. 전자의 크기에 관한 문제는 이 사실상의 상호작용으로 인해 해결되며, 양전자가 없다면 전자의 크기 문제는 이론상의 불일치를 야기한다.

표준모형을 넘어서기 위해서는 지금까지 알려진 것보다 더 극단적으로 작은 규모와 더 높은 에너지에서의 작용들을 고려해야 한다. 이는 결국 힉스 보손으로 이어진다(힉스 보손의 에너지는 100GeV가 넘는다). 전자 문제를 다룰 때에도 그랬듯이, 물리학자들은 힉스 보손의 모양과 힉스 장이 힉스 보손 자신에게 미치는 영향을 아주 가까이에서 들여다봐야 한다.

쌍둥이 입자

앞에서 본 전자와 양전자의 경우처럼, 표준모형을 넘어서기 위해서는 입자의 수를 2배로 늘려야 한다. 그러니까 모든 입자에 '초대칭supersymmestry' 짝꿍이 있어야 한다는 것이다(이 짝꿍은 이름은 같지만 접두어로 '스칼라scalar'를 붙인다. 영어에서는 앞에 's'를 붙인다). 전자의 초대칭 짝꿍은 스칼라전자, 또는 셀렉트론selectron이라고 부르고, 쿼크는 스칼라쿼크 또는 스쿼크squark가 된다. 빛알과 W 보손과 Z 보손의 등가 입자는 각각 포티노photino, 위노wino, 지노zino라고 한다.

초대칭(보통은 줄여서 SUSY라고 한다)은 보손과 페르미온 사이의 대칭 관계다. 예를 들어 모든 보손(또는 정수 스핀을 갖는 입자)에게는 각각 짝지어진 페르미온 또는 '초짝superpartner'이 있다. 초짝의 스핀은 기본 스핀과 1/2만큼 다르다. 스핀 외에 양자수와 질량은 모두 원래 입자와 동일하다.

1970년대까지 여러 가지 시도가 있었지만, 표준모형 최초의 실질적인 초대칭 버전은 1981년 하워드 조자이와 사바스 디모포울로스에 의해 개발되었다. 보손의 경우, 이 새로운 버전에 의해 100~1,000GeV

암흑의 초짝들

초대칭 이론은 아직 추측에 바탕을 두고 있지만, 몇 가지 매력적인 특징이 있다. 검출되지 않은 초짝들은 우주에 출몰하는 유령 같은 존재인 암흑 물질의 좋은 대안이 될 수 있다. 암흑 물질은 우주 질량의 대부분을 차지하지만 중력의 효과를 통해서만 모습을 나타내며 그 외에는 우리 눈에 보이지 않는다.

사이의 에너지를 지닌 초짝이 존재할 것으로 예측되었는데, 이 범위는 힉스 보손의 에너지보다 약간 높거나 비슷한 수준이다. 양전자 때와 마찬가지로, 가까운 영역에서 입자를 서술할 때 발생하는 특이점들은 초대칭 입자들의 존재로 인해 상쇄될 수 있다. 예측된 에너지 범위의 하한인 약 100GeV는 현재 CERN의 거대 강입자 충돌기로 구현할 수 있다. 2012년 현재까지는 초대칭 입자에 대한 증거를 찾지 못했다. 앞으로 몇 년 안에 충돌기의 에너지를 올리면서 무슨 일이 일어나는지를 확인하게 될 것이다.

그래도 초짝이 여전히 손닿을 수 없는 곳에 머문다면, 표준모형에서 짝을 이룬 파트너 입자들보다 초짝들이 더 무거운 질량을 가진다고 가정할 수 있다. 그럴 경우 초대칭은 깨져야 한다. 이 말은 또 다른 수준의 입자를 추적해야 한다는 것을 의미한다.

초대칭은 궁극적으로는 약한 상호작용과 강한 상호작용 그리고 전자기력을 통합하는 데 도움이 될 수 있으며, 어쩌면 중력까지도 합쳐질 수 있을지 모른다. 특히 초대칭 입자의 힌트를 발견하게 된다면 끈 이론과 양자 중력의 상호보완적 접근법까지 결합시켜야 할 것이다.

1927 디랙, 반물질을 예견.
1961 겔만, 팔정도를 발표.
1981 표준모형의 초대칭 버전을 가정.

34 양자 중력 Quantum gravity

네 가지 기본 힘의 이론이라는 성배는 우리의 추적을 교묘히 벗어난다. 그렇다고 해서 물리학자들이 양자이론과 일반상대성이론의 통합을 포기한 것은 아니다. 이러한 노력의 일환인 양자 중력 이론은 아직 갈 길이 멀긴 하지만, 우주가 작은 고리(루프)들로 촘촘히 짜인 직물 같은 공간일 가능성을 암시한다.

아인슈타인은 1915년 일반상대성이론을 발표하면서 당시 새롭게 떠오르던 원자의 양자이론과 자신의 이론이 조화를 이루어야 함을 직감했다. 행성이 중력에 묶여 태양을 도는 것처럼, 전자도 전자를 껍질 안에 가둬놓는 전자기력과 함께 중력을 경험해야 한다. 아인슈타인은 생의 대부분을 중력의 완전한 양자이론을 개발하는 데 바쳤다. 그러나 성공하지 못했고, 이는 오늘날까지도 이루어지지 않고 있다.

아인슈타인의 뒤를 이어 1930년대에 보어의 제자인 레온 로젠펠트가 과업을 이어받았다. 당시는 양자역학이 활발하게 논의되던 때였으므로, 기본적인 문제들이 즉각 떠올랐다. 첫 번째 문제는 일반상대성이론의 배경이 양자역학과는 달리 완전하지 못하다는 것이었다.

상대성이론은 행성과 별, 은하계와 우주 전체에 퍼져 있는 물질처럼 질량이 있는 물체에 거의 대부분 적용된다. 상대성이론의 방정식은 시간과 공간을 구분하지 않으며, 시공간space-time이라고 불리는 4차원의 매끄러운 직물 같은 구조로 취급한다. 물체는 이 구조 안에서 움직이며 물체의 질량에 따라 뒤틀린다. 그러나 여기에는 절대적인 좌표가 없다. 그 이름이 암시하듯 일반상대성이론은 상대적인 운동을 설명한다. 즉 휘어진 시공간 안에서 하나의 물체가 다른 물체에 대하여 상대적으로 어떻게 움직이는지를 설명하는 것이다.

이와는 달리 양자역학은 입자가 언제 어느 곳에 있는지를 염두에 둔다. 파동함수는 주위 환경의 지배를 받으며 이에 따라 전개된다. 상자 안에 든 입자의 파동함수와 원자 안에 구속된 전자의 파동함수는 다르다. 양자역학이 그리는 그림 안에서 공간은 비어 있거나 균일하지 않고 사실상 양자적 입자들의 바다이며, 이 바다에서 입자들은 갑자기 생겨나거나 사라진다.

하이젠베르크의 행렬역학은 불연속적이고 슈뢰딩거의 파동방정식은 연속적이어서 이 둘을 연계시키는 것이 근본적으로 어려웠던 것처럼, 양자역학과 일반상대성이론을 결합시키는 것도 사과와 오렌지를 결합시키는 것만큼이나 어려운 일이다.

이 불연속이 가장 크게 두드러지는 문제는 세 가지다. 첫 번째, 상대성이론과 양자역학은 모두 블랙홀 같은 특이점에서 또는 그 근처에서 어긋나거나 모순이 나타난다. 두 번째, 하이젠베르크의 불확정성 원리는 입자의 위치와 속도를 정확히 알 수 없다는 의미이므로, 입자가 느끼는 중력에 대해 논의하는 것이 불가능하다. 세 번째, 양자역학과 일반상대성이론에서는 시간의 의미가 다르다.

양자거품

1950년대 중력의 양자이론에 관한 연구가 더욱 힘을 받았다. 프린스턴 대학교의 존 휠러와 그의 제자인 찰스 미스너는 하이젠베르크의 불확정성 원리를 적용해 시공간을 양자 '거품foam'으로 설명하려는 시도를 했다. 그들은 시공간을 가장 작은 눈금 상에서 볼 경우 터널, 끈, 덩어리, 돌출부 등으로 왜곡되어 있다고 제안했다. 1957년 미스너에게는 두 가지 선택이 있었다. 첫 번째는 일반상대성이론을 양자역학과 유사한 수학으로 다시 쓰는 것이다. 그렇게 하면 일반상대성이론도 양자화될 수 있다. 다른 방법은 중력이 포함되도록 기존의 양자장이론을 확장하는 것이다. 이 방법은 양자전기역학에 핵력을 포함시키려던 시도와 비슷한 것이다. 이 경우 중력을 매개하는 새로운 힘나르개가 필요해진다. 이것이 중력자graviton다.

1966년, 줄리언 슈윙거의 제자인 브라이스 디윗은 휠러와 토론을 하며 다른 작전을 세웠다. 우주론과 당시 발견된 우주 마이크로파 배경복사에 익숙하던 디윗은 우주에 대한 파동함수를 발표했다. 이 방정식은 현재 휠러-디윗 방정식이라고 불린다. 그는 빅뱅 이후 우주의 팽창을 방정식들로 설명하고 우주를 입자의 바다처럼 다루었다.

그런데 디윗의 방정식에서는 시간이 필요하지 않다는 기이한 결과가 나왔다. 방정식에서는 오직 공간의 세 축만 필요했고, 시간은 단순히 우주가 상태를 바꾸는 징후이며 이것을 우리는 일련의 연속적인 사

브라이스 디윗 (1923~2004)

캘리포니아에서 태어난 디윗은 히버드 대학교에서 슈윙거에게 물리학을 배웠다. 그는 제2차 세계대전 때 해군 조종사로 복무했고, 전쟁이 끝난 후 몇몇 대학을 거쳐 오스틴 텍사스 대학교에 자리를 잡았다. 그곳에서 그는 일반상대성이론의 핵심으로 뛰어들었다. 디윗은 휠러와 함께 우주의 파동함수를 기술하는 휠러-디윗 방정식을 만들었고, 휴 에버렛의 다세계 해석을 양자역학에 맞게 개선시켰다. 열정적인 산악가이기도 한 디윗은 프랑스의 르 우슈에 물리 하계 학교를 설립하기도 했다. 그는 평생 동안 아내인 수리물리학자 세실 디윗-모레트와 함께 연구했다.

건으로 인지한다. 슈뢰딩거가 자신의 파동방정식의 의미를 이해하지 못해 고생했던 것처럼, 디윗도 자신이 만든 우주 파동방정식이 실제 세계에서 어떤 의미인지 설명하지 못했다. 양자 세계와 고전 세계는 코펜하겐 해석으로 결합시킬 수 있었지만, 전체 우주에 관해 논할 때는 비교 대상이 없었다. 우주 파동함수를 붕괴시킬 외부 관찰자가 존재할 수 없는 것이다.

이 문제를 해결하기 위해 여러 물리학자들이 뛰어들었고, 스티븐 호킹도 그중 한 사람이었다. 그는 우주에 경계가 없으며 시작점도 없다는 설명을 제시했다. 1981년 바티칸 학회에서 교황은 우주론자들에게 창조 이후의 우주를 연구하는 데에만 집중해달라고 특별히 요청했는데, 호킹은 딱히 여기에 반기를 들 의도는 없었다. 호킹에게는 굳이 창조주가 필요 없었던 것이다.

상대성이론의 방정식들을 새롭게 기술할 방법들은 1986년 캘리포니아 산타바바라에서 열린 양자 중력 워크숍에서 등장했다. 리 스몰린과

시어도어 제이콥슨, 그리고 나중에 합류한 카를로 로벨리는 중력장 안에서의 '양자 고리quantum loop'에 기반을 둔 방정식의 해解 집합을 생각해냈다.

양자 고리

고리(루프)는 공간의 양자다. 공간을 이 고리들로 대체하면 위치 간의 차이가 없어지기 때문에 정확한 위치를 기술할 필요가 없어진다. 공간은 이러한 고리들이 조직을 이룬 것과 같으며, 고리들이 서로 맞물린 곳에는 매듭이 지어져 있다.

고리 개념은 양자색역학에서도 등장했으며, 로저 펜로즈가 입자 상호작용의 망web을 설명할 때에도 다른 형태로 모습을 보였다. 양자 중력에서는 이러한 고리 상태가 기하학적 구조의 양자였다. 고리는 우주의 가장 작은 구성요소이며 고리의 크기 또는 에너지를 플랑크 규모planck scale라고 한다.

고리 양자 중력은 중요한 이론을 향해 한 걸음 내딛은 것이지만, 여전히 갈 길은 멀다. 예를 들면 고리 양자 중력으로는 중력자에 대해 전혀 설명할 수 없다. 끈 이론 같은 다른 방법은 여전히 탐색 중이다.

현재까지는 중력이 다른 힘들과 분리되어 있는 상황이지만, 중력자나 중력과 관련된 입자를 발견하려면 어마어마한 에너지가 필요하기 때문에, 입자충돌기로 양자 중력을 연구하는 것은 희망사항일 수밖에 없다. 따라서 현재로서는 이러한 모델들을 지지할 실험적 증거가 없다.

고성능의 입자충돌기가 개발될 때까지 최선의 베팅은 천문학적 물질들, 특히 블랙홀에 거는 것이다. 일부 블랙홀에서 분사되는 입자들이 있는데, 이는 블랙홀로 물질이 빨려 들어갈 때 방출되는 전자—양전자 쌍으로 여겨지고 있다. 블랙홀 주위에서는 중력이 매우 강할 뿐만 아니라 상대성이론을 거스르는 특이한 효과들이 관측되기도 한다.

우주 마이크로파 배경 복사도 좋은 사냥터가 될 수 있다. 우주 마이크로파 배경 복사의 뜨겁고 차가운 패치patch들이 흩뿌려져 있는데, 이 패치들은 어린 우주 안에서 양자적 변이에 의해 생성된 것들이다.

1957 미스너, 양자 중력의 두 가지 방법을 제안.
1966 디윗, 우주의 파동함수 발표.
1981 호킹, 우주의 무경계 모형 개발.
1986 스몰린과 제이콥슨, 양자 고리 이론 제안.
1992 우주 마이크로파 배경의 비등방성 구조가 밝혀짐.

35 호킹 복사 Hawking radiation

1970년대까지 양자 중력 이론은 고전을 면치 못하고 있었다. 디윗은 자신이 제안한 우주의 파동함수를 '그 저주받은 방정식'이라고 불렀다. 방정식의 의미를 아는 사람이 아무도 없었기 때문이었다. 일반상대성이론을 연구하는 사람들은 블랙홀로 시선을 돌렸다. 1960년대 중반 블랙홀은 새롭게 발견된 퀘이사quasar의 에너지원으로 추정되었다. 퀘이사는 다른 행성들의 빛을 가려버릴 만큼 핵이 대단히 밝은 은하계를 말한다.

블랙홀은 18세기 지질학자인 존 미첼과 수학자인 피에르 시몽 라플라스가 처음으로 생각해냈다. 이후 아인슈타인의 상대성이론이 발표되자, 카를 슈바르츠실트는 블랙홀의 모양을 산출하고 시공간의 구덩이라는 결론을 내렸다. 아인슈타인의 일반상대성이론에서 공간과 시간은 서로 연결된 거대한 고무판처럼 함께 움직인다. 중력은 물체의 질량에 따라 이 고무판을 왜곡시킨다. 무거운 행성은 시공간 안의 구덩이에 자리를 잡고 있고, 이 행성이 잡아당기는 중력은 구덩이 안으로 굴러 떨어질 때 느끼는 힘과 동일하다고 볼 수 있다. 행성으로 인해 휘어진 공간은 주위를 운동하는 물체의 경로를 휘게 하거나 물체를 궤도상에 묶어놓는 역할을 한다.

사건 지평선

블랙홀blackhole은 인력이 너무 강해 빛조차도 탈출할 수 없어 그런 이름(블랙홀은 검은 구덩이라는 의미-옮긴이)이 붙었다. 허공으로 공을 하나 던지면 공은 어느 정도 높이에 도달한 뒤 다시 떨어진다. 더 세게 던지면 공은 더 높이 올라간다. 공을 어마어마하게 빠른 속도로 던지면 공은 지구의 중력을 탈출해 우주 공간으로 날아가버린다. 이렇게 지구를 탈출하려면 공의 속도는 초속 11킬로미터가 되어야 한다. 이 속도를 '탈출 속도escape velocity'라고 한다.

로켓도 지구를 탈출하려면 이 속도에 도달해야 한다. 크기가 작은 달에서는 초속 2.4킬로미터면 충분히 탈출할 수 있다. 반면 더 무거운 행성에서는 탈출 속도가 이보다 빨라야 한다. 정말로 무거운 행성이라

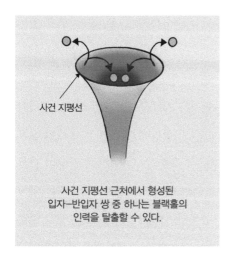

사건 지평선

사건 지평선 근처에서 형성된
입자–반입자 쌍 중 하나는 블랙홀의
인력을 탈출할 수 있다.

면 탈출 속도는 빛의 속도 가까이 도달하거나 이를 넘어설 수도 있다.

블랙홀로부터 멀리 떨어져 지나가는 물체는 경로가 블랙홀 쪽으로 휠 수는 있겠지만 블랙홀 안으로 떨어지지는 않는다. 그러나 블랙홀에 너무 가까이 붙어 지나가면 나선 모양의 경로를 그리며 블랙홀 안으로 떨어지게 된다. 빛알도 같은 운명에 처할 수 있다. 블랙홀을 탈출하거나 그 안으로 떨어지는 두 사건의 경계가 되는 선을 '사건 지평선event horizon'이라고 한다. 이 사건 지평선 안쪽에 있는 것들은 모두 블랙홀 안으로 빨려 들어간다.

동결된 별

블랙홀을 향해 떨어지는 물체를 계속 바라보면 떨어지는 과정이 서서히 느려지는 것을 볼 수 있다. 블랙홀 근처에서는 시간이 천천히 흐르는 것이다. 블랙홀 근처를 이동하는 빛줄기도 휘어진 시공간을 건너 우리에게 도착할 때까지 더 오랜 시간이 걸린다.

물질이 저 먼 시점으로부터 사건 지평선을 가로지르는 동안, 실질적으로 시간은 서서히 멈춘다. 우리가 보는 것은 물질이 떨어지는 그 시점에서 죽은 듯 멈춰 있는 모습이다. 1930년대 아인슈타인과 슈바르츠실트는 붕괴가 시작되는 경계에서 아슬아슬하게 균형을 이루고 있는 '동결된 별'의 존재를 예언했다. 이를 물리학자 존 휠러가 1967년에 '블랙홀'로 다시 명명했다.

별이 붕괴해서 블랙홀이 되는 과정은 천체물리학자인 수브라마니안 찬드라세카르가 상세히 설명했다. 그의 설명에 따르면 우리 태양 같은 별들은 내부 핵융합 엔진이 꺼져도 수축할 수 있을 만큼 질량이 충분히 크지 않다고 한다. 별이 붕괴하려면 태양의 질량보다 1.4배는 무거워야 한다. 그러나 이런 별들도 파울리의 배타원리에 의한 양자 압력 때문에 별의 구조를 유지한다. 흰난쟁이별과 중성자별은 배타원리로 인해 형성된다. 태양 질량보다 3배 이상은 무거운 별들만이 수축해서 블랙홀을 만들 수 있다.

우주 안에 있는 블랙홀의 존재는 1960년대까지도 발견되지 않았다. 블랙홀은 어둡지만, 블랙홀의 존재를 알 수 있는 방법이 있다. 블랙홀의 강한 중력장 때문에 다른 물체, 예를 들면 별들이 블랙홀 쪽으로 끌

스티븐 호킹 (1942~)

제2차 세계대전 중에 태어난 호킹은 영국 옥스퍼드와 세인트앨번스에서 자랐다. 호킹은 옥스퍼드 대학교에서 물리학을 전공했고 이후 케임브리지로 옮겨 데니스 시아마와 함께 우주론을 연구했다. 그곳에서 그는 1979년부터 2009년까지 수학 분야의 루카시안 석좌교수로 재직했다. 21번째 생일을 보내고 얼마 후 루게릭병이라는 진단을 받았으나, 얼마 못 살 것이라는 의사들의 의견이 틀렸음을 몸으로 입증했다. 호킹은 휠체어에 앉아 컴퓨터로 합성된 목소리로 과학을 논하는 모습으로 유명하다. 그는 블랙홀의 복사 이론과 우주에 경계가 없다는 이론을 제시했다.

어당겨진다. 그리고 기체도 블랙홀로 끌려들어가면서 온도가 올라가 빛이 나게 된다.

우리 은하계 중앙에는 거대한 블랙홀이 자리 잡고 있다. 이 블랙홀은 태양 수백만 개를 1,000만 킬로미터(30광초) 정도의 반지름 안에 욱여넣은 것과 같다. 천문학자들은 블랙홀 근처를 움직이는 별의 궤도를 추적하다가 별들이 블랙홀에 접근할 때 궤도가 갑자기 크게 꺾이는 것을 목격했다. 혜성이 태양 주위를 지나면서 궤도가 길어지고 멀리 뻗는 것처럼, 은하수 중심의 별들도 블랙홀 주위에서는 이상한 궤도로 움직인다.

블랙홀은 퀘이사의 중앙 엔진이다. 블랙홀로 떨어지는 기체는 끓는 점 이상으로 가열되면서 격렬히 빛을 발한다. 별의 질량을 지닌 블랙홀 역시 그 주위에서 소용돌이치는 뜨거운 기체가 발하는 X선을 검출함으로써 확인할 수 있다.

블랙홀의 증발

블랙홀이 기체로 휘감겨 있지 않더라도, 블랙홀은 완전한 블랙, 즉 검은색은 아니다. 양자 효과로 인해 일부 복사는 블랙홀을 빠져나올 수 있는 확률이 있으며, 이는 1970년대에 호킹이 규명한 사실이다.

입자와 반입자들은 하이젠베르크의 불확정성 원리에 따라 진공 공간에서 끊임없이 생성되고 소멸된다. 이 입자쌍이 블랙홀의 사건 지평선 근처에 출현하면, 하나는 블랙홀 안에 떨어지고 나머지 하나는 탈출할 수 있다. 이러한 탈출에 의한 복사를 호킹 복사Hawking radiation라고 한다. 블랙홀은 입자를 복사하면서 에너지를 잃기 때문에 시간이 흐르면서 서서히 수축한다. 수십억 년이 흐르면 블랙홀은 완전히 증발할 수 있다.

이야기할 것이 더 있다. 만일 어떤 물체가 블랙홀 안으로 떨어진다면, 그 안에 담겨 있는 정보들은 모두 어떻게 될까? 영원히 잃어버리게 될까 아니면 양자 특성 중 일부는 보존되어 호킹 복사를 통해 방출될까? 서로 얽힌 입자쌍 중 한 입자가 블랙홀로 떨어진다면, 파트너 입자는 그것을 알까?

호킹은 양자 정보가 소멸된다고 믿었고, 다른 물리학자들은 호킹의 의견에 공공연하게 반대했다. 덕분에 유명한 내기가 이루어졌다. 1997년 존 프레스킬은 호킹, 킵 손과 내기를 하며 정보는 블랙홀 안에서 소실되지 않는다고 주장했다.

2004년, 호킹은 이 문제를 해결했다고 주장하는 논문을 발표했다. 사건 지평선에서의 양자효과로 인해 블랙홀에서 정보가 탈출하는 것이 가능하다는 내용이었다. 내기에서 진 호킹은 프레스킬에게 '마음대로 정보를 찾아볼 수 있는' 백과사전을 보냈다. 그러나 킵 손은 여전히

스파게티화 spaghettification

물질이 블랙홀 안으로 떨어질 때, 떨어지는 동안 '스파게티화'된다고 표현한다. 블랙홀의 가장자리는 매우 가파르기 때문에 블랙홀 안쪽으로 매우 강력한 중력의 경사도가 있다. 블랙홀 주변을 어슬렁거리다가 한쪽 발만 먼저 빠진다고 가정하면, 발이 머리보다 더 중력을 많이 받아 당겨지면서 우리 몸은 못에 걸어놓고 잡아당기는 것처럼 죽 늘어날 것이다. 여기에 회전 운동까지 더해져 스파게티 더미에 파묻힌 껍처럼 꼬인 상태로 늘어나게 된다.

결과에 승복하지 않고 자신의 의견을 고수하고 있다.

1784 미첼, 검은별의 가능성을 추론.
1930년대 동결된 별의 존재가 예측됨.
1965 퀘이사 발견.
1967 휠러, 동결된 별을 블랙홀이라 명명.
1974 호킹, 블랙홀 복사를 제안.
2004 호킹, 프레스킬의 의견을 수용.

36양자우주론 Quantum cosmology

시간을 거슬러 오르면, 과거의 우주는 아주 작고 빽빽한 상태였을 것이다. 약 140억 년 전 우주 안의 모든 것은 한 점 안에 구겨 넣어져 있었다. 우주의 순간적인 폭발은 1949년 영국의 천문학자인 프레드 호일에 의해 '빅뱅'이라고 명명되었다. 이 이름은 사실 농담처럼 붙인 이름이었다고 한다.

빅뱅이 일어나고 1초가 지났을 때 우주의 온도는 그야말로 어마어마해서 원자들은 모두 불안정한 상태였고, 원자의 구성 입자들만 양자 국물 안에 존재할 뿐이었다. 1분이 흐르자 쿼크가 떨어져 나와 양성자와 중성자를 형성했다. 또 3분이 지나자, 양성자와 중성자가 결합하면서 수소와 헬륨을 만들고 중수소의 흔적을 남겼다. 또한 리튬과 베릴륨의 핵도 만들었다. 별들은 한참 후에야 무거운 원소들을 갖추게 되었다.

마이크로파 배경 복사

빅뱅 아이디어를 지탱하는 또 다른 기둥은 1965년에 발견된 불덩어리 우주의 희미한 메아리, 즉 우주 마이크로파 배경 복사다. 아노 펜지어스와 로버트 윌슨은 뉴저지의 벨연구소에서 라디오 수신기를 손보다가 하늘 전역에서 입사되는 희미한 마이크로파 신호를 감지했다. 빛알의 기원은 뜨거운 어린 우주였다.

빅뱅 이후 발생한 희미한 마이크로파의 잔향은 1948년 조지 가모브, 랠프 알퍼, 로버트 허먼이 예측한 바 있다. 이 마이크로파는 최초의 원자가 형성되던 시절, 불덩어리 우주 이후 약 40만 년이 지난 무렵의 신호다. 초창기 우주는 양성자와 전자 같은 하전입자가 서로 결합되지 않은 채 날아다니고 있었다. 이러한 플라스마가 만들어낸 짙은 안개는 빛알을 산란시켜 빛알이 통과할 수 없었다. 원자가 형성되고 안개가 걷히자 우주는 맑아졌고, 그때부터 빛은 우주를 가로지르며 자유롭게 여행할 수 있게 되었다. 어린 우주의 안개는 원래 뜨거웠지만(약 3,000K), 우주가 팽창하면서 어린 우주의 안개에서 나온 빛을 적색편이시켜 현재는 3K(절대영도보다 3도 높음) 이하의 온도로 관측할 수 있다.

1990년대에 NASA의 COBE 위성은 마이크로파 배경 복사의 온도 분포를 조사해 뜨겁고 차가운 패치들을 지도로 그렸는데, 패치 간의 온도 차이는 평균온도 3K와 비교해 10만분의 1씩 높거나 낮다. 이러한 온도 분포의 균일성은 실로 놀라웠다. 우주가 아주 어릴 때 우주 안의 멀리 떨어진 지역끼리는 빛의 속도로도 정보를 전달하는 것이 불가능했음에도 불구하고 모든 지역의 온도가 거의 같다는 사실은 상당히 이해하기 어렵다. 이 미세한 온도 변이는 어린 우주 내의 양자 요동이 화석처럼 각인된 것이다.

강한 연결

우주의 세 가지 특성 역시 우주 최초의 순간에 강한 연결이 이루어졌음을 암시한다. 첫째, 빛은 광활한 우주를 가로질러 직진하여 이동한다. 그렇지 않다면 먼 곳에 있는 별과 은하계들은 왜곡되어 보일 것이다.

둘째, 우주는 모든 방향을 관측할 때 거의 같은 모습이다. 이는 예상치 못했던 것이다. 우주의 나이는 아직 140억 년밖에 안 됐는데, 우주의 크기는 140억 광년보다 더 크다(이를 '지평선'이라고 한다). 따라서 빛이 한쪽 끝부터 다른 쪽 끝까지 도착할 시간이 없었다. 우주의 한쪽 끝은 다른 쪽 끝이 어떻게 생겼는지 어떻게 알 수 있을까?

셋째, 은하계들은 하늘 전반에 걸쳐 고르게 흩뿌려져 있다. 사실 그럴 필요는 없다. 은하계들은 빅뱅이 일어난 후 기체의 밀도가 약간 높은 지점부터 시작되었다. 그 지점이 중력 때문에 붕괴하기 시작하면서 별들이 생겨났다. 은하계의 밀도 높은 씨앗들은 양자효과로 형성되었고, 뜨거운 초기 우주에서 입자 에너지의 미세한 편이가 일어났다. 그러나 이 에너지 편이가 증폭되면 우리가 현재 보는 것처럼 넓게 분산되는 것이 아니라 얼룩소의 무늬처럼 은하계 전체에 거대한 패치들을 만들어낼 수 있었을 것이다. 은하계는 몇 개 안 되는 거대한 산맥이 자리 잡고 있는 게 아니라 수많은 두더지굴이 흩어져 있는 모양새다.

이 세 가지 문제, 즉 평탄성, 지평선 그리고 균일성은 초기 우주가 지평선 안에 놓여 있었다고 가정하면 해결할 수 있다. 그렇다면 우주 안의 점들은 하나로 모여 있다가 후에 특징들이 정해졌을 것이다. 이것이 사실이라면, 어느 정도 시간이 흐른 후 우주는 갑자기 부풀어 오르기 시작하면서 급속도로 지평선을 넘어 성장하다가 오늘날 우리가 보는 펼쳐진 우주의 형태를 갖추었을 것이다. 이 급격한 팽창은 1981년 미국의 물리학자 앨런 구트가 제안한 것으로, '인플레이션inflation'이라고 한다. 팽창 이전에 양자 입상성quantum graininess에 의해 새겨진 미세한 밀도의 요동이 팽창과 함께 길게 잡아 늘여져 넓게 번지면서, 우주는 거대 규모에서 볼 때 평탄해졌다.

어두운 측면

양자효과가 우주에 또 다른 영향을 미쳤을 수도 있다. 우주의 물질 중 90퍼센트는 빛나지 않고 어둡다. 암흑 물질은 중력효과에 의해 검출될 수 있지만 빛이나 물질과는 거의 상호작용을 하지 않는다. 과학자들은 암흑 물질이 묵직하고 빽빽한 별무리 물체(MAssive Compact Halo Objects, 줄여서 MACHO), 즉 실패한 별(갈색왜성)과 기체상 행성 gaseous planet의 형태로 존재하거나, 아니면 약한 상호작용을 하는 무거운 입자(Weakly Interacting Massive Particle, 줄여서 WIMP), 즉 별난 원자 속 입자들인 중성미자와 초대칭 입자들의 형태로 존재한다고 생각하고 있다.

오늘날 우주 물질 중 겨우 4퍼센트만이 중입자(양성자와 중성자로 이루어진 일반 물질)로 만들어져 있다고 알려져 있다. 그 밖의 23퍼센트는 별난 암흑 물질이다. 이 23퍼센트가 중입자로 만들어지지 않았다는 것은 알고 있다. 이들이 무엇으로 구성되었는지는 말하기 어렵지만,

WIMP 같은 입자들일 가능성도 있다. 그 나머지인 우주 전체 에너지의 73퍼센트는 완전히 다른 물질인 암흑 에너지로 구성되어 있다.

아인슈타인은 중력의 끌어당기는 힘을 보완하기 위한 방법으로 암흑 에너지 개념을 떠올렸다. 중력만 있으면 우주 안의 모든 것은 한 점으로 모여 붕괴할 것이다. 따라서 이를 상쇄할 밀어내는 힘이 존재해야 한다. 당시에 그는 우주가 팽창한다는 사실을 몰랐고 우주가 정지되어 있다고 믿었다. 그래서 그는 일반상대성이론 방정식에 이른바 '반중력' 항을 추가했다. 그러나 그는 곧 후회했다. 중력이 모든 것을 끌어당겨 붕괴시킬 수 있듯이, 반중력은 우주의 모든 구역들을 갈가리 찢어놓을 수 있었기 때문이다. 아인슈타인은 어깨를 으쓱하고는 이 항이 필요가 없다고 생각했다. 아무튼 아무도 밀어내는 힘에 관한 증거는 본 적이 없었으니까. 그는 반중력 항을 방정식에 남겨두긴 했지만 그 값으로 0을 대입했다.

그러던 것이 1990년대에 접어들면서 상황이 바뀌었다. 두 연구팀이 먼 곳에 있는 초신성이 예측했던 밝기보다 더 어둡다는 사실을 발견했다. 이에 대한 유일한 설명은 초신성들이 우리가 생각했던 것보다 더 멀리 있다는 것뿐이었다. 그렇다면 그 사이의 공간이 늘어났을 수밖에 없다. 아인슈타인의 항은 다시 살아났다. 이 음의 에너지 항은 '암흑 에너지dark energy'라고 명명되었다.

반중력

우리는 암흑 에너지에 관해서는 잘 모른다. 암흑 에너지는 진공의 자유공간 안에 저장된 에너지의 형태로 빈 공간 안에 음의 압력

negative pressure을 일으킨다. 은하군 또는 은하단 근처같이 물질이 많은 곳에서 중력은 암흑 에너지와 균형을 이루거나 암흑 에너지를 압도한다.

암흑 에너지는 발견하기가 매우 어렵기 때문에 그 존재가 장기적으로 우주에 어떤 영향을 미칠지는 예측하기 어렵다. 우주는 팽창하고 있으므로, 은하계는 결합력을 잃고 더 성기게 퍼지게 될 것이다. 그렇게 되면 암흑 에너지가 은하계를 구성하는 별들을 장악하게 될 것이다. 일단 별들이 죽으면 우주는 어두워지게 되고, 궁극적으로는 흩어진 원자와 원자 속 입자들의 바다가 될 것이다. 양자물리학이 지배하는 세상이 되는 것이다.

1929 허블, 우주가 팽창하고 있음을 증명.
1949 호일, '빅뱅'이라고 명명.
1965 펜지어스와 윌슨, 우주 마이크로파 배경 복사를 검출.
1981 구트, 우주 인플레이션 제안.
1992 COBE, 마이크로파의 비등방성 구조를 그림.
1998 초신성을 통해 암흑 에너지가 밝혀짐.

37 끈 이론 String theory

끈 이론은 물리학의 한 분야로, 양자 작용과 중력의 작용을 고형의 개체가 아닌 다차원 끈의 파동으로 설명하는 독창적인 수학적 방법을 말한다. 이 이론은 1920년대에 시어도어 칼루자와 오스카 클라인이 고안한 것으로, 음악의 음계처럼 입자의 양자화된 특성을 정수배 진동으로 설명한다.

1940년대 들어 전자나 양성자 같은 물질 입자들은 무한히 작은 것이 아니라 일정한 크기를 갖는다는 사실이 분명해졌다. 전자의 자체 자기장을 설명하려면 전자는 전하를 띤 공이 자전하면서 퍼져 있는 형태여야만 했다. 지극히 작은 규모에서는 시간과 공간이 무너지기 때문에, 하이젠베르크는 전자의 모양이 정말로 그런 것인지 의문이 들었다. 더 큰 규모의 실험에서 입자가 재현 가능한 행동을 한다면, 수면 아래에서 무슨 일이 일어나든 입자의 양자상태는 진실이다. 하이젠베르크는 수소 원자의 행렬역학을 개발하면서 상호작용 이전과 이후의 입자의 행동을 행렬로 연결시켰다.

그러나 양자장이론을 통해 입자의 작용이 하나의 거대한 단계로 진행되는 것이 아니라 수많은 작은 단계들로 이루어져 있다는 사실이 밝혀졌다. 따라서 수소 원자처럼 가장 단순한 경우에만 해당하는 것이 아닌, 여러 경우를 설명할 수 있는 포괄적인 행렬이 제시되어야 했다. 하이젠베르크는 행렬을 재구성하려고 노력했지만 성공하지 못했다.

1960년대 들어 강한 핵력을 설명할 방법을 찾는 쪽으로 사람들의 관심이 쏠렸다. 겔만은 핵 입자의 쿼크 이론을 연구하고 있었고, 다른 이론학자들은 대안적인 수학적 이론들을 만지작거리고 있었다.

1970년에 난부 요이치로, 홀게르 베크 닐센, 레너드 서스킨드는 진동하는 1차원의 끈으로 핵력을 설명했다. 그러나 이 모델은 제대로 자리를 잡지 못했고 양자색역학으로 대체되었다. 1974년 존 슈워츠, 조엘 셰르크, 요네야 타미야키는 끈 개념을 확장해 보손을 설명했다. 중력자를 설명에 포함시킴으로써 끈 이론이 모든 힘들을 통일할 수 있는 가능성을 가지고 있음을 보여준 것이다.

진동하는 끈

스프링이나 고무줄 같은 끈은 에너지를 최소화하기 위해 수축하려 한다. 이 장력으로 인해 끈은 진동하게 된다. 양자역학은 이 끈들이 연주하는 '음계'를 지배한다. 입자의 종류에 따라 끈의 진동 상태가 결정되는 것이다. 끈은 양쪽 끝이 개방된 열린 형태이거나 고리 모양의 닫힌 형태로 생겼다.

최초의 끈 모델로는 오직 보손만 설명할 수 있었기 때문에 성공적이라고 할 수 없었다. 그러다 초대칭 개념이 뒷받침되면서 페르미온이 포함된 끈 이론(초끈 이론)이 성립되었다. 그 후 1984년부터 1986년 사이에 기존의 여러 문제들이 해결되었는데, 이를 첫 번째 초끈 혁명이라고 부른다. 끈 이론으로 알려진 모든 입자와 힘들을 다룰 수 있다는 사실이 밝혀지면서 수백 명의 이론물리학자들이 이 이론에 동참했다.

두 번째 초끈 혁명은 1990년대에 일어났다. 에드워드 위튼은 여러 가지 초끈 이론들을 M 이론이라고 하는 하나의 거대한 11차원 이론 안으로 끌어들였다('M'의 의미는 사람마다 다르게 해석한다. 어떤 이는 막membrane의 첫 글자라고 하기도 하고 어떤 이는 미스터리의 약자라고도 말한다). 1994년과 1997년 사이에는 이에 대한 후속 논문이 넘쳐났다.

그 이후로 끈 이론은 꾸준히 발전했고 새로운 실험적 발견들이 쏟아져 나오면서 성채와도 같은 탄탄한 구조를 만들어나갔다. 그러나 여전

M 이론

M 이론은 다차원에 존재하는 여러 유형의 끈 이론을 아우르는 포괄적 용어다. 입자를 설명하는 끈은 기타줄처럼 단순한 직선이거나 고리 모양이다. 여기에 시간 축을 더하면 판이나 원통 모양이 된다. 끈의 추가적인 속성은 다른 차원에서 발생한다. M 이론에서는 일반적으로 11차원을 가정하고 있다. 입자들의 상호작용은 두 판들이 서로 만나면서 새롭게 형성하는 모양으로 설명된다. 따라서 M 이론은 입자들의 위상을 연구하는 수학적 연구라 할 수 있다.

히 결정적인 이론은 없다. 일각에서는 끈 이론을 연구하는 사람의 수만큼 끈 이론이 존재한다는 말도 나온다. 게다가 끈 이론은 아직 실험을 통해 검증할 수 있는 단계가 아니라서, 단지 과학적 쾌락에 머무는 것이 아닌가 하는 우려도 낳는다.

철학자 칼 포퍼의 말에 따르면, 물리학 이론을 진정으로 시험할 수 있는 유일한 방법은 하나의 명제가 거짓임을 증명하는 것이다. 끈 이론이 다른 표준 물리학 이론들보다 상위에 있음을 증명할 참신한 방법이 없는 상황에서, 끈 이론은 매력적이긴 하지만 어딘가 비현실적으로 보인다. 끈 이론 물리학자들은 언젠가 이런 상황이 바뀌기를 바라고 있다. 어쩌면 차세대 입자가속기가 새로운 물리학의 체제를 탐사할지도 모른다. 아니면 양자 얽힘 효과에 관한 연구가 발달하면서 이를 설명하기 위해 숨은 차원이 필요해질지도 모른다.

만물의 이론

끈 이론의 궁극적인 목표는 네 가지 기본 힘(전자기력, 강한 핵력, 약한 핵력, 중력)을 일관된 하나의 틀 안에서 통합시키는 '만물의 이론'을 설명하는 것이다. 만물의 이론은 야심찬 목표지만 실현되려면 갈 길이 멀다.

끈 이론 외의 다른 물리학들은 조각조각 나뉘어 있다. 입자물리학의 표준모형은 상당히 강력하지만 그 체계는 수학적 대칭에 대한 신뢰에 기대어 즉흥적으로 펼쳐진다. 양자장이론은 상당히 훌륭한 성과였지만 중력이 아예 포함되지 않았다는 치명적인 단점이 있으며, 이는 도전해서 해결될 일도 아니다. 거기에 재규격화라는 수학적 트릭에 의해 상쇄된 무한대들도 여전히 양자이론과 입자이론 속에 도사리고 있다.

양자이론과 일반상대성이론을 통합시키지 못한 것을 두고 아인슈타인은 죽을 때까지 괴로워했다. 동료들은 이를 시도하는 모습만 보고도 아인슈타인이 미쳤다고 했다. 그러나 그와 같은 실패의 가능성이 있을지라도 추상적인 탐색을 추구하는 끈 이론 물리학자들을 말릴 수는 없다. 끈 이론은 과연 쓸데없는 짓일까? 몇몇 과학자들이 시간을 좀 낭비한들 그게 그렇게 큰일은 아니지 않는가? 그 과정에서 무언가 교훈을 얻을 수도 있지 않을까? 끈 이론이 진짜 과학이 아니라고 주장하는 물리학자도 있다. 그러나 모든 것이 진짜 과학이어야 할 필요는 없다. 아무튼 하이젠베르크의 행렬역학도, 겔만이 상상한 쿼크도 모두 순수한 수학에서부터 시작된 것이 아닌가.

만물의 이론이 포함하는 범위는 어디까지여야 하는가? 단순히 물리적 힘을 설명하는 것으로 충분할까? 아니면 더 나아가 생명과 의식 같은 현실 세계의 양상도 포함해야 할까? 전자를 진동하는 끈이라고 설명한다고 해서 그로부터 화학의 분자 결합이나 살아 있는 세포의 조성 같은 것까지 알아낼 수 있는 것은 아니다.

과학자들은 이러한 '환원론reductionism'(모든 생명 현상을 물리, 화학적으로 설명할 수 있다는 주장 −옮긴이)에 관해서는 의견이 갈린다. 어떤 이는 인간이 물질과 힘으로 구성된 세상을 상세하게 설명해낼 수 있을 것이라 믿는 반면, 어떤 이는 세상이 너무 복잡해서 우리가 전혀 생각지도 못했던 상호작용으로부터 무수히 많은 작용들이 일어나기 때문에 설명이 불가능하다고 주장한다. 게다가 양자 얽힘과 혼돈chaos처럼 직관에 반하는 특성들 때문에 세상을 예측하기란 여간 어려운 것이 아니다. 물리학자 와인버그는 집짓기 블록의 관점으로 세상을 바라보는 것이 '무섭고 비인간적'이라고 생각한다. 인간은 세상을 있는 그대로 받아들여야 한다는 것이다.

1920년대 칼루자와 클라인, 중력과 전자기론을 정수배 진동으로 설명.
1940년대 하이젠베르크, S−행렬 이론을 개발.
1970 난부·닐센·서스킨드, 끈으로서의 핵력을 제시.
1974 슈워츠·셰르크·요네야, 끈을 이용해 보손을 설명.
1984~6 최초의 초끈 혁명.
1994~7 두 번째 초끈 혁명으로 M−이론이 제시됨.

양자적
비현실

38 다세계 | Many worlds

1950년대와 60년대를 거치면서 과학자들은 입자와 힘에 관해 더욱 깊이 이해하게 되었고, 그에 따라 원자보다 작은 규모에서 실제로 일어나는 일들을 더 세세히 파악할 필요성도 커졌다. 이후 10년이 흘렀고, 코펜하겐 해석은 여전히 대세였다. 입자와 파동이 파동함수로 기술되는 동전의 양면이며, 파동함수는 측정이 이루어지는 순간 붕괴된다는 주장은 여전히 힘이 있었다.

보어는 빛의 간섭 현상과 입자로서의 행동 같은 아이디어로 여러 양자 실험들을 훌륭하게 설명해냈다. 그럼에도 불구하고 파동함수는 이해하기가 어려웠다. 보어는 파동함수를 진짜라고 믿었고, 다른 사람들은 단순히 실제 사건의 수학적 표기일 뿐이라고 여겼다. 파동함수는 이를테면 전자가 특정 위치에 있거나 일정량의 에너지를 가질 확률을 말해주는 도구였다.

설상가상으로 코펜하겐 해석은 모든 권력을 '관찰자'의 손에 쥐어준다. 닫힌 상자 안에 슈뢰딩거의 고양이가 숨겨진 방사능의 위험과 함께 얌전히 앉아 있을 때, 보어의 이론은 고양이가 중첩 상태에 있다고 설명한다. 즉 고양이는 살아 있는 동시에 죽어 있다. 상자가 열리는 순간에만 고양이의 운명은 결정된다. 하지만 고양이의 입장에서는 누가 자기를 보고 있는지 아닌지 신경 쓸 이유가 무엇인가? 우리가 존재할 수 있도록 하기 위해 누가 우주를 관찰하고 있단 말인가?

다중우주

1957년, 휴 에버렛이 대안적인 생각을 제시했다. 그는 측정을 할 때 파동함수가 붕괴되어야 하고 이를 지켜볼 관찰자가 필요하다는 아이디어가 마음에 들지 않았다. 아무도 볼 수 없는 먼 곳에 있는 별은 관찰자도 없는데 자기가 존재해야 하는지를 어떻게 알 수 있단 말인가?

그는 우주의 모든 것은 모든 순간 한 가지 상태로 존재한다고 주장했다. 고양이는 살아 있거나 죽어 있거나 둘 중 하나다. 그러나 모든 가능성에 대응하기 위해, 선택적인 결과들이 실현되는 수많은 평행우주가 있어야 한다. 이 이론을 '다세계many world' 이론이라고 부른다.

물리학자들이 모두 이 이론을 받아들인 것은 아니다. 수없이 창조되는 우주를 이해하기란 몇 개의 빛알이 하는 일을 파악하는 것보다 훨

휴 에버렛 3세 (1930~1982)

에버렛은 워싱턴 DC에서 태어나 자랐다. 그는 미국 가톨릭 대학교에서 화학공학을 공부했고, 제2차 세계대전 중 서독에서 복무하던 아버지를 방문하기 위해 1년 휴학했다. 이후 에버렛은 프린스턴 대학교의 박사과정에 진학했고, 게임이론에서 양자역학으로 전공을 옮겼다. 그는 영리한 학생이었으나 과학소설에 지나치게 빠져 있었다. 1956년 그는 핵무기 모형 제작을 위해 펜타곤에 들어갔다. 존 휠러의 요청에 따라 에버렛은 1959년 코펜하겐의 보어를 방문했지만 그의 연구는 홀대를 받았다. 에버렛은 당시의 방문이 '지옥' 같았다고 회상했고, 다시 컴퓨터 연구로 돌아왔다.

1970년 에버렛의 아이디어가 브라이스 디윗의 논문을 통해 알려지면서 많은 관심을 받았다. 1973년에 출간된 책은 품절 사태를 빚었다. 다세계 개념은 과학소설 작가들에게서 가장 많은 사랑을 받았다. 에버렛은 51세라는 비교적 이른 나이에 세상을 떠났다.

씬 더 어려웠다. 그래도 일부 물리학자들 사이에서는 다세계 이론의 인기가 높았다. 미국의 상대성이론 연구자인 브라이스 디윗은 에버렛의 이론에 '다세계'라는 이름을 붙였고, 이 아이디어를 더욱 발전시켰다. 오늘날 수많은 물리학자들이 '다중우주' 개념을 이용하여 이 개념이 아니면 설명할 수 없는 우주론의 동시다발적 사건, 예를 들면 힘의 세기는 어떤 이유로 그렇게 정해졌는지, 그 힘이 어떻게 원자와 생명체를 존재하게 하는지 등의 문제를 설명한다.

에버렛의 제안 이전에는 우주가 단일한 역사를 가졌다고 간주되었다. 사건들은 시간의 흐름에 따라 전개되고, 일련의 변화들은 열역학 제2법칙 같은 물리 법칙들을 만족시키면서 발생했다. 그러나 다세계 이론에서는 양자적 사건이 하나 발생할 때마다 새로운 딸우주들이 갈라져 나간다. 따라서 아마도 무수히 많은 우주들이 나뭇가지 같은 구조를 이루고 있을 것이다.

우주들은 분리되는 순간부터 각자의 방식대로 발전해나가기 때문에 각각의 우주 사이에 교신은 없지만, 일부 물리학자들은 갈라진 세계 사이에 작은 간섭이 있을 수 있다고 주장해왔다. 아마도 이러한 상호작용으로 간섭 실험을 설명할 수 있을지도 모르며, 더 나아가 우주 사이의 시간 여행이 가능해질지도 모른다.

장점

다세계 이론의 가장 큰 미덕은 파동함수의 붕괴나 이를 일으킬 관찰자가 필요하지 않다는 점이다. 슈뢰딩거의 상자 안에 든 고양이가 확률의 중첩 상태에 놓여 있다면 실험자 역시 그렇다. 고양이가 살아 있는 것을 확인하는 과학자는 고양이가 죽은 것을 발견한 과학자와 중첩된다. 에버렛의 개념에서는 양자물리학의 수많은 모순들이 해결된다. 발생할 수 있는 모든 사건은 이미 하나의 우주 안에 있거나 아니면 다른 우주 안에 있을 수 있다.

우주는 그 안에 생명체가 있거나 없거나 상관없이 존재할 수 있다. 슈뢰딩거의 고양이는 한 곳에서는 살아 있고 다른 곳에서는 죽어 있는 것이지 그 둘의 혼합이 아니다. 파동-입자 이중성 역시 두 가지 사건이 모두 허용되면서 앞뒤가 맞는다.

에버렛은 대학원생일 때 이 이론을 연구했고, 이를 박사학위 논문으로 발표했다. 하지만 다세계 아이디어는 즉각 받아들여지지 않았고, 비웃는 동료들도 있었다. 에버렛은 연구에서 손을 떼고 국방 분야와 컴퓨터 분야로 옮겨갔다. 에버렛의 아이디어는 1970년 브라이스 디윗이 〈피직스 투데이Physics Today〉에 일반인을 위한 논문으로 게재하면서 대중의 관심을 받게 되었다.

문제점

오늘날 다세계 개념은 엇갈리는 반응을 얻고 있다. 지지자들은 오컴의 면도날(이론체계는 간결해야 하며 필요 이상의 가설을 세우지 않아야 한다는 법칙-옮긴이)을 만족시키면서도 직관적이지 않은 수많은 양자 작용들을 해결한다며 찬사를 보낸다. 그러나 다세계 이론을 실험으로 입증할 수 있는지에 대해서는 의문이 남는다. 실험을 통한 입증은 여러 개의 우주가 어느 정도까지 서로 상호작용을 하는지, 그리고 다른 우주의 존재를 입증할 실험 방법을 제시할 수 있는지에 좌우된다. 이에 대한 결론은 아직 나오지 않았다.

다세계 해석에 별반 매력을 못 느끼는 사람들은 우주가 너무 제멋대로 갈라진다고 비판한다. 이게 정말로 무슨 의미인지 또는 어떤 방식으로 일어나는지가 분명치 않다는 것이다. 다세계 이론에서는 관찰자가 없기 때문에 측정 행위가 무의미해져버렸고, 따라서 왜, 어떻게, 정확히 언제 우주가 갈라지는지 분명하지가 않다.

해결되지 않은 물리학의 기존 문제 역시 설명되지 않은 채로 남아있다. 예를 들면 시간의 방향성 문제나 왜 엔트로피는 열역학 제2법칙에 따라 증가하는지 같은 문제들이다. 양자적 정보가 빛보다 빠르게 날아 우주 건너편까지 여행할 수 있는지도 분명치 않다. 또한 우주 저 먼 끝의 블랙홀 주위에서 입자가 하나 생겨날 때마다 우주 전체가 갈라지는 것인지도 확실치 않다. 물리적 특징이 공존하지 못한다면 평행 우주 중 일부는 존재할 수 없다.

스티븐 호킹은 다세계 이론을 '하찮은 진실'이라고 보는 쪽이다. 다세계 이론은 실제 우주를 깊이 들여다본다기보다는 단순히 확률 계산에 유용하게 쓰일 수 있는 가정이라는 것이다. 호킹은 심오한 양자 세계의 의미를 이해하려는 노력조차 거부하며 이런 농담을 남겼다. "슈뢰딩거의 고양이 얘기만 들리면 손이 저절로 총으로 갈 정도라고!"

1927 양자역학의 코펜하겐 해석이 등장.
1935 슈뢰딩거, 고양이 시나리오를 발표.
1957 에버렛, 코펜하겐 해석에 대한 해답 제시.
1970 디윗, '다세계'라는 용어를 창안.

39 숨은 변수 Hidden variables

아인슈타인은 양자역학의 코펜하겐 해석을 좋아하지 않았다. 그는 일찍이 '신은 주사위놀이를 하지 않는다'는 말을 남기기도 했다. 그가 우려했던 문제는 양자역학을 확률로 취급하면 하나의 계가 특정 상태로부터 앞으로 어떻게 전개될지 예측할 수 없기 때문에 결정론적이지 않다는 것이었다.

지금 입자의 특성을 알고 있다 하더라도, 하이젠베르크의 불확정성 원리로 인해 잠시 후의 입자 특성은 알 수 없게 된다. 그러나 미래가 확률의 발생에 의존한다면, 왜 우주는 질서정연하게 물리 법칙에 따라 움직이는 것일까?

아인슈타인이 포돌스키, 로젠과 함께 EPR 패러독스로 요약했듯이, 양자역학은 불완전할 수밖에 없다. 메시지가 빛의 속도보다 더 빠르게 이동할 수 없기 때문에, 양자 법칙에 따라 얽혀 있는 쌍둥이 입자들이 서로 멀리 날아갈 때에는 파트너가 어떤 상태인지를 항상 '알아야 한다.'

한 입자의 상태를 관찰하면 다른 입자의 상태에 대해 알게 된다. 그러나 그것은 파동함수가 붕괴해서가 아니다. 아인슈타인은 정보가 각각의 입자에 내재되어 있으며, '숨은 변수' 안에 포함되어 있다고 생각했다. 어딘가에 우리가 모르는 더 깊은 진실이 있는 것이 틀림없다.

결정론

1920년대와 30년대의 물리학자들은 양자역학의 의미를 놓고 혼란스러워했다. 1926년 파동방정식을 제안한 슈뢰딩거는 양자계를 서술하는 파동함수가 실제로 존재하는 물리적 개체라고 믿었다. 그의 동료인 보른은 이 그림을 더 잘 이해해보려고 애를 썼다. 논문에서 보른은 파동함수의 확률적 해석이 결정론, 즉 인과율에 영향을 미친다고 언급했다.

보른은 언젠가 원자의 특성이 더 많이 발견되면 여러 가지 양자적 사건들, 예를 들면 두 입자 간의 충돌 같은 현상의 결과를 설명할 수 있을 것이라고 여겼다. 그러나 결국 그는 파동함수 접근법을 지지했고 모든 것을 알 수 있는 것은 아니라고 인정했다. "나 스스로도 원자 세계의 결정론을 포기하고 싶은 의향이 있다. 그러나 그것은 철학적인 질문이며 물리학에서의 논쟁만으로 결정할 수 있는 것이 아니다."

아인슈타인 역시 파동함수에 회의적이었다. 그는 슈뢰딩거의 방정식을 단순히 통계적 관점에서 원자를 설명하는 것이라 여겼고, 비록 입증할 수는 없었지만 그 설명이 불완전하다고 믿었다. 그는 "양자역학은 분명 고려할 만한 가치가 많다. 그러나 내 마음 깊은 곳에서는 여전히 이 길이 올바른 길이 아니라고 생각하고 있다."고 말했다.

1927년 벨기에에서 열린 학회에 참석한 프랑스 물리학자 드브로이는 결정론을 무너뜨리지 않는 숨은변수이론을 발표하면서, '파일럿 파동pilot wave'이 공간에서 입자들의 길잡이 역할을 해준다고 제안했다. 아인슈타인도 한때는 이 가능성을 고려했었지만, 아이디어를 버리고 침묵을 지켰다. 다른 물리학자들 역시 여기에 호응하지 않았다. 그들

대부분은 보른과 하이젠베르크의 자신감에 압도당하고 있었다. 보른과 하이젠베르크는 이제 양자역학은 완전한 이론이라고 대범하게 공표했다. 두 사람은 실험이 적용되는 범위 안에서는 불확정론이 실제라고 믿고 있었다.

1927년 보어는 양자역학의 코펜하겐 해석을 제안하면서 측정 과정에서 파동함수를 붕괴시킬 관찰자가 필요하다고 역설했다. 그 후 보어와 아인슈타인은 이 아이디어가 과연 말이 되는 것인지를 두고 격렬하게 논쟁했다. 아인슈타인의 최고의 무기는 EPR 패러독스였다. 그는 EPR 패러독스를 통해 우주의 한쪽 끝에 있는 관찰자가 다른 쪽 끝에 있는 파동함수를 즉각적으로 붕괴시킬 수 있으며, 이는 특수상대성이론을 위배하는 것이라고 주장했다.

길잡이 파동

1952년 데이비드 봄이 의도치 않게 드브로이의 미발표 아이디어인 '길잡이 파동guiding wave'을 발견했을 때, 숨은변수이론을 함께 부활시킨 셈이 되었다. 봄은 전자, 양성자, 빛알 같은 입자들이 진짜 실체라고 믿었다. 빛알이 하나씩 검출기 위에 차곡차곡 쌓이는 것을 볼 수도 있고, 전자가 전열판을 때리면서 전하 펄스를 만드는 것도 목격할 수 있지 않은가. 그러니 슈뢰딩거의 파동함수는 단순히 입자가 어느 곳에 위치할 확률을 서술하는 것뿐이라고 생각했다.

봄은 입자가 있어야 할 자리를 안내해주기 위해 '양자 퍼텐셜quantum potential'을 정의했다. 양자 퍼텐셜에는 모든 양자 변수들이 포함되고 다른 양자계와 양자효과들과도 대응하며 파동함수에 연결되어 있다.

따라서 입자의 위치와 경로는 언제나 완전하게 정의되어 있지만, 처음부터 입자의 모든 특성을 알지 못하기 때문에 입자의 위치나 상태를 확률로 기술하기 위해 파동함수를 사용해야 하는 것이다. 숨은 변수는 양자 퍼텐셜이나 파동함수가 아닌, 입자의 위치를 가리킨다.

봄의 이론에는 인과율이 담겨 있다. 입자는 고전물리학에서처럼 경로를 따라 이동한다. 여기에서는 파동함수를 붕괴시켜야 할 필요가 없다. 그러나 이 이론으로는 EPR 패러독스, 즉 먼 거리에서의 '기이한' 행동을 설명하지 못한다. 검출기를 바꾸는 순간 입자의 파동 장wave field 역시 바뀐다. 봄의 이론은 거리와 상관없이 작용하기 때문에 '비국소적non-local'이라고 불린다. 따라서 이 이론 역시 특수상대성이론을 위배한다. 그래서 아인슈타인은 이 이론을 '값싼 이론'이라고 불렀다.

데이비드 봄 (1917~1992)

미국 펜실베이니아에서 태어나 자란 봄은 UC버클리에서 이론물리학 박사학위를 받았다. 그는 '원자폭탄의 아버지' 오펜하이머가 이끄는 연구 그룹에 몸담고 있었다. 봄은 급진적인 정치 성향을 지녔고, 지역 공산주의자와 평화주의자 모임에 참여했다. 그로 인해 맨해튼 프로젝트에 참여할 수 없었고, 그가 하던 연구 중 일부는 기밀로 분류되어 접근조차 할 수 없었다. 전쟁이 끝나고 봄은 프린스턴 대학교로 옮겨 아인슈타인과 함께 연구했다. 미국에 매카시즘이 일고 공산주의자로 의심되는 사람들에 대한 탄압이 시작되자, 봄은 위원회에 진술을 거부하고 체포되는 길을 택했다. 1951년 무혐의로 풀려났지만 프린스턴 대학교에서 직위 정지를 당해 미국을 떠나야만 했다.

봄은 브라질 상파울로, 이스라엘 하이파에 머물다 1957년 영국 런던으로 건너가 브리스틀 대학교와 버크벡 칼리지에 자리를 잡았다. 말년에 그는 양자물리학뿐만 아니라 인지과학과 사회 문제에 대해서도 연구했다.

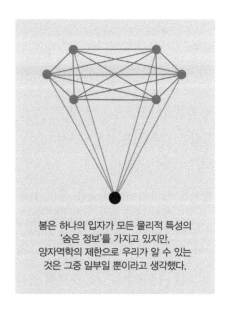

봄은 하나의 입자가 모든 물리적 특성의 '숨은 정보'를 가지고 있지만, 양자역학의 제한으로 우리가 알 수 있는 것은 그중 일부일 뿐이라고 생각했다.

봄은 양자역학을 숨은 변수 버전으로 기술하는 것이 가능하다고 밝혔다. 다음 단계는 그것을 테스트하는 것이었다. 1964년, 존 벨은 결과에 따라 숨은변수이론를 검증할 가능성이 있는 일련의 사고실험을 고안했다. 만일 실험의 결과가 예측과 다르면 양자 얽힘은 진실이 되는 것이었다. 1980년대에 물리학자들이 이 실험을 실제로 수행하는 데 성공했다. 그들은 실험을 통해 가장 단순한 '국소적' 숨은 변수들을 배제했다. 숨은변수이론에서는 정보 전달 속도가 빛의 속도를 넘을 수 없는데, 실제 실험에서는 순간적인 원거리 상관관계 또는 양자 얽힘이 일어난 것이다.

1926 슈뢰딩거, 파동방정식을 제시.
1927 코펜하겐 해석 등장.
1927 드브로이, '파일럿 파동' 이론 제시.
1935 EPR 패러독스가 제시됨.
1952 봄, 숨은변수이론 발표.
1964 벨, 숨은변수이론을 검증할 사고실험 제안.
1981 아스페, 국소적 숨은변수이론의 오류 입증.

40 벨의 부등식 Bell's inequalities

양자역학은 골치 아픈 학문이다. 확률을 바탕으로 한 양자역학의 주장들과 에너지와 시간, 위치, 운동량과 같은 기본 특성에까지 미치는 불확정성은 인간의 이해를 거부하는 것처럼 보인다.

보어와 슈뢰딩거를 포함한 코펜하겐 해석의 지지자들은 우리가 원자 속 세계에 대해 모든 것을 알 수는 없다는 사실을 받아들였다. 전자나 그 밖의 입자들은 동시에 파동처럼 행동하기도 하며, 여기에 대해 우리가 아는 것을 설명할 유일한 방법은 파동함수와 같은 수학적 형식을 통해서뿐이다.

1930년대 아인슈타인과 드브로이 그리고 이후 1950년대의 데이비드 봄은 전자, 빛알, 그 밖의 다른 입자들이 실재한다는 믿음에 매달렸다. 입자는 실존하며 다만 우리가 입자에 대해 전부 다 알 수 없을 뿐이다. 양자역학은 불완전해야 한다. 어딘가에 '숨은 변수'들이 존재한다면 직관에 반하는 측면들을 설명할 수 있을 것이다.

EPR 패러독스는 설명이 불가능했다. 서로 얽힌 두 입자를 각각 우주의 양 끝으로 보내더라도 이 두 입자의 특성은 여전히 얽혀 있어야 한다. 한쪽에서 보내는 빛의 신호가 다른 쪽에 도달하지 못할 정도로 둘 사이의 거리가 멀더라도 얽힘은 유지되어야 한다. 이 추론에서는 원거리 '유령' 작용을 예측한다. 전자들이 일정한 규칙에 따라 궤도를 채우는 것처럼, 입자들은 양자 규칙에 따라 서로 얽힌다. 만일 입자 하나가(이를테면 수소 분자라고 하자) 반으로 갈라진다면, 쪼개진 두 입자의 스핀은 보존 법칙에 따라 서로 반대 방향이 된다. 입자 하나의 스핀을 '위'라고 측정한다면, 그 순간 다른 입자의 스핀은 '아래'라는 것을 알게 된다. 양자 용어로 표현하자면, 이 두 입자가 서로 떨어져 있는 거리와는 상관없이 두 번째 입자의 파동함수는 첫 번째 입자의 파동함수와 정확히 같은 순간 붕괴된다.

아인슈타인과 그의 동료들은 이것이 불합리하다고 생각했다. 그 어떤 신호도 빛보다 빠른 속도로 이동할 수 없다. 그런데 어떻게 첫 번째 입자의 측정이 두 번째 입자에게 전달될 수 있단 말인가? 아인슈타인의 생각은 두 가지 가정에 의존하고 있다. 첫 번째는 국소성^{locality}으로 어떤 것도 빛보다 빨리 이동할 수 없다는 것이며, 두 번째는 실재론^{realism}으로 입자들은 관측이 되든 안 되든 상관없이 실제로 존재한다는 것이다. 아인슈타인의 생각은 '국소적 실재론^{local realism}'에 따른 것이었다.

벨의 정리

1964년 존 벨은 이 생각을 더 발전시켰다. 만일 숨은 변수와 국소적 실재론이 둘 다 참이라면, 옆에 있는 입자의 측정에 관해 어떤 결정을 내리든 멀리 있는 입자의 특성에 영향을 미치지 않는다. 만일 멀리 있는 입자가 어떤 상태인지를 이미 알고 있다면, 그 입자는 실험자가 현재 손에 들고 있는 입자를 간섭이나 산란 같은 방법으로 측정하기로 결정한다 하더라도 여기에 상관해서는 안 된다.

벨은 이러한 작용이 양자역학의 예측들과 충돌하는 경우를 정의했다. 그리고 이를 시험하기 위해 관측이 가능한 물리량들을 정의했고,

측정한 물리량이 어떤 경곗값보다 크거나 작으면 이에 따라 양자역학 또는 숨은변수이론이 옳다는 것을 암시하도록 수식을 세웠다. 이러한 수학적 명제를 '벨의 부등식'이라고 한다.

벨은 EPR 예제를 수정해서 상호보완적인 스핀을 갖는 2개의 페르미온을 가정했다. 이를테면 전자를 2개 생각하면 된다. 그중 하나의 스핀은 '위'고 다른 하나의 스핀은 '아래'다. 이 두 입자는 특성이 서로 얽혀 있다. 아마도 원래 하나였던 입자가 붕괴되어 생성되었기 때문일 것이다. 두 입자는 서로 반대 방향으로 움직이고 있다.

이 두 입자 중 어느 입자가 어떤 스핀 값을 갖는지는 모른다. 측정은 두 입자의 상대적 위치에서 이루어진다. 각각의 측정에서 '위' 스핀과 '아래' 스핀의 결과가 나올 것이다. 각각의 측정은 독립적으로 수행되고, 다른 쪽의 상태에 대해서는 전혀 알 수 없다.

스핀의 특정 방향을 측정할 확률은 입자가 측정되는 각도에 따라 좌

존 스튜어트 벨 (1928~1990)

존 벨은 북아일랜드 벨파스트에서 태어나 벨파스트의 퀸스 대학교에서 물리학을 공부했고, 1956년 버밍엄 대학교에서 핵물리학과 양자물리학으로 박사학위를 받았다.

벨은 옥스퍼드셔 하웰 근처에 있는 영국원자력에너지연구소에서 일하다가 이후 스위스 제네바에 있는 유럽원자핵공동연구소(CERN)로 자리를 옮겼다. 이곳에서 그는 이론 입자물리학과 가속기 설계를 연구했고, 틈틈이 양자이론의 기초를 연구하기도 했다. 1964년 미국에서 연구하며 안식년을 보낸 후, '아인슈타인-포돌스키-로젠 패러독스에 관하여'라는 제목의 논문을 썼다. 논문에서 그는 양자이론에 의해 위배되는 수식에 관한 '벨의 정리'를 추론했다.

베르틀만의 양말

벨은 자신이 고안한 벨의 정리를 기괴한 패션 감각을 지닌 인물에 빗대 표현했다. 베르틀만 박사는 화려한 양말을 신는 것을 좋아하는데, 언제나 양쪽 양말의 색깔이 달랐다. 그가 어느 발에 어떤 색의 양말을 신을지는 예측이 불가능하다. 다만 한쪽 양말이 분홍색이면 다른 쪽은 분홍색이 아니라는 것은 확실하다. 벨은 이것이 EPR 패러독스가 우리에게 말하는 전부라고 주장했다.

우되며, 각도의 범위는 0~180도다. 만일 스핀의 축과 정확히 같은 방향에서 측정하면 확률은 +1이고, 반대 방향에서 측정하면 −1이다. 그리고 수직 방향에서 측정하면 1/2이 된다. 그 사이의 각도에서는 여러 이론들이 측정의 여러 확률을 예측한다.

벨의 정리는 여러 각도에서 여러 번의 실험으로 측정된 결과를 통계로 제공한다. 숨은변수이론에서는 이러한 값들이 선형적으로 나타난다. 양자역학에서의 상관관계는 각도의 코사인 값으로 변한다. 따라서 다양한 방향에서 측정을 함으로써 무슨 일이 일어나는지를 알 수 있게 된다.

벨의 결론은 이렇다. '이곳에 있는 측정 장치의 설정이 먼 곳에 있는 측정 장치의 값에 영향을 미칠 수 있는 메커니즘이 분명히 존재한다. 뿐만 아니라 얽힌 신호는 순간적으로 전파되어야 한다.'

예측의 검증

실제로 실험을 통해 벨의 예측을 검증하기까지는 10년 이상이 걸렸다. 1970년대와 80년대에 이어진 여러 실험을 통해 양자역학이 정확하다는 사실이 입증되었다. 실험 결과에 의해 양자 메시지가 빛의 속도에 의해 제한을 받는다고 주장했던 국소적 숨은변수이론은 배제되었다. 빛보다 빠른 신호 전달이 실제로 양자 규모에서 일어난다는 사실이 밝혀진 것이다. 숨은변수이론의 변형 중 비국소적이거나 초광속 신호 전달의 가능성을 열어둔 이론은 여전히 성립 가능하다.

벨은 이 발견을 환영했지만 동시에 실망하기도 했다. "내가 볼 때는 이 실험의 빛알들이 사전에 서로 얽혀 있는 계획표 같은 것을 들고 있어서, 계획표가 지시하는 대로 행동한다고 가정하는 게 더 합리적인 것 같다." 유감스럽게도 아인슈타인의 아이디어는 성공하지 못했다.

벨의 이론은 기본 물리학에서 매우 중요한 개념 중 하나다. 이 이론이 양자역학을 정확하게 입증하지는 않으며, 논리적 허점도 확인되었다. 그러나 오류를 입증하려는 수많은 시도에도 불구하고 벨의 이론은 꿋꿋이 살아남았다.

1927 보어, 양자역학의 코펜하겐 해석을 발표.
1935 EPR 패러독스가 제시됨.
1952 데이비드 봄, 숨은 변수를 제안.
1964 벨, 부등식을 세움.
1972 첫 번째 검증 실험이 부등식을 위배함.

41 아스페 실험 Aspect experiments

1964년, 존 벨은 수학적 명제를 하나 제시했다. 양자역학의 숨은변수이론이 옳다면, 즉 입자들이 가지고 있는 전체 변수 중에 숨은 변수가 포함되어 있다면 이 수학적 명제는 참으로 성립한다. 벨의 명제가 성립하지 않으면 양자역학의 기이한 양상들이 옳은 것이어야 한다. 그 말은 빛보다 빠른 신호 전달이나 양자 얽힘 같은 원거리 유령 작용이 실제로 일어난다는 의미다.

벨 부등식의 검증 실험을 고안해내는 데에만 10년 이상이 걸렸다. 그 이유는 실험이 어려웠기 때문이다. 먼저 짝지은 입자 쌍을 방출하는 원자 전이와 각 입자의 방향에 따른 특성을 확인해 정확하고 신뢰도 높게 측정할 실험 장비들을 설계해야 했다.

1969년 존 클로저, 마이클 혼, 애브너 시모니, 리처드 홀트는 들뜬 칼슘 원자에서 방출된 빛알 쌍을 얽힌 입자로 사용할 것을 제안했다. 칼슘의 바깥껍질 전자쌍을 높은 에너지 궤도로 띄웠다가 다시 떨어뜨리면 빛알 2개가 방출된다. 이 둘은 서로 연관된 양자 법칙을 따르므로 편광 방향도 서로 얽혀 있다. 이는 1940년대 말부터 알려진 특징이었다.

1972년 클로저와 스튜어트 프리드먼은 이 같은 실험을 통해 벨의 부등식을 최초로 검증하는 데 성공했다. 원자를 들뜨게 하고 짝지은 빛알을 포착하기가 꽤 어려워서 연속 200시간이나 걸렸다. 빛알의 편광은 스펙트럼 상에서 파란색과 초록색으로 검출되어야 했지만, 당시의 검출기는 그렇게 민감한 편도 아니었다. 마침내 나온 결과는 양자역학의 예측과 일치했다. 그러나 놓친 빛알들을 처리하기 위해 클로저와 동료들은 통계 데이터를 임의로 해석해야 했고, 따라서 완전히 결판이 난 것은 아니었다.

이후 칼슘 외에 들뜬 수은 원자를 이용하거나 양전자 소멸에서 생성된 빛알 쌍을 사용하는 추가 실험이 이어졌다. 추가 실험의 결과도 대부분 양자역학을 뒷받침하는 것이었지만, 일부는 정확한 결론이 나지 않았다. 그런 와중에 검출기의 성능이 향상함에 따라 실험 결과의 정확도가 개선되고, 레이저가 도입되면서 효율적으로 원자를 들뜨게 하는 것이 가능해져 더 많은 빛알을 얻을 수 있게 되었다.

아스페의 실험

1970년대 말 프랑스의 물리학자 알랭 아스페가 실험 내용을 개선했

알랭 아스페 (1947~)

아스페는 1947년 프랑스 로트에가론의 아쟁에서 태어났다. 그는 카샹의 고등사범학교와 오르세 대학교에서 물리학을 공부했다. 석사학위를 받은 후 그는 병역의 의무를 위해 카메룬에서 3년간 교직에 종사했고, 그곳에서 지내는 동안 벨의 부등식에 흥미를 느끼게 되었다. 아스페는 카샹으로 돌아온 후 오르세에서 얽힌 빛알에 관한 실험으로 박사학위를 받았다. 그는 콜레주 드 프랑스에서 교수로 재직하면서 레이저에 의해 속도가 느려지는 초저온 원자를 연구했다. 이 기술은 원자시계에서 사용되는 기술이다. 현재 CNRS의 수석 연구원인 아스페는 오르세에서 원자 광학 그룹을 이끌며 산업계와 다각적인 연계 활동을 벌이고 있다.

다. 그는 다시 칼슘 증기를 선택했고, 2대의 레이저의 진동수를 정확히 조정해 바깥껍질 전자쌍이 더 높은 껍질로 양자도약한 후 순차적으로 떨어지게 했다. 그러고 나서 서로 반대 방향으로 방출되는 두 갈래의 빛줄기를 관측했다. 두 빛은 빛알 쌍의 진동수에 해당하는 초록색과 파란색을 띠고 있었다.

칼슘 원자로부터 빛알이 한 쌍씩 방출될 때의 시간 간격을 재보면 빛알 쌍으로부터 빛알들이 풀려 분리될 때의 시간 간격보다 더 길었기 때문에, 두 빛알은 서로 얽힌 쌍이라 볼 수 있었다. 또한 두 빛알이 얽힌 상태를 유지하기 위해서는 빛알 사이의 정보가 교환되는 속도가 빛의 속도의 2배여야 한다.

눈부신 반사광을 차단하기 위해 폴라로이드(편광판) 선글라스를 쓰는 것처럼, 특별한 프리즘을 이용해 두 빛의 빛알의 편광을 측정했다. 프리즘은 수직으로 편광된 빛을 잘 투과시키지만(약 95퍼센트의 빛이 통과한다) 수평 방향으로 편광된 빛은 거의 대부분(약 95퍼센트) 차단해 반사시킨다. 아스페 팀은 프리즘을 회전시키면서 그 중간 각도로 편광된 빛이 통과하는 양을 측정했다.

아스페, 필리프 그랑지에, 제라르 로제는 1982년 실험 결과를 발표했다. 결과는 편광각의 코사인 변화와 일치했고, 이는 양자역학을 지지하는 결과였다. 국소적 숨은 변수가 맞다면 선형적으로 감소해야 옳았다. 그들의 실험 결과는 이전 결과들보다 훨씬 더 통계적으로 유의미한 것이었으며, 하나의 기념비가 되었다.

결과적으로 국소적 숨은변수이론은 사멸해야 하거나 아니면 적어도 대대적인 치료를 요하는 중환자 명단에 오르게 되었다. 빛의 속도보다 빠르게 스위칭할 수 있는 새로운 유형의 숨은 변수가 존재할 가능성은 여전히 남아 있지만, 빛의 속도 또는 그보다 약간 느린 속도로 직접적인 통신을 하는 단순한 모델은 실험 결과를 통해 배제되었다. 하나의 입자를 측정하면 거리에 상관없이 다른 입자에 영향이 미친다. 양자상태는 실제로 얽혀 있다.

허점 틀어막기

비평가들은 검증 실험에 허점이 있다고 지적했다. 검출의 허점이 그중 하나였는데, 이는 클로저의 분석에서 보완되었다. 즉 빛알을 100퍼센트 검출할 수는 없으므로 이를 고려한 통계적 처리 방법이 필요하다는 것이다. 두 번째로 지적한 문제점은 통신상의 허점이다. 실험 장치의 한계로 인해 하나의 검출기가 어떤 방법으로든 다른 검출기에 정보를 전달할 수 있었다는 것이다. 이 문제는 메시지가 전달되는 속도보다 더 빠르게 장치를 스위칭함으로써 배제할 수 있었다.

아스페는 이 같은 문제를 피하기 위해 첫 번째 실험에서 서로 마주보는 쌍둥이 빛줄기 장치를 사용했다. 이후 더 정확한 결과를 위해 빛알이 이동하는 동안 편광기의 설정을 재빨리 바꾸도록 했다. 이 같은 추가 실험에서도 또다시 양자이론이 옳다는 결론이 나왔다. 1998년에 안톤 차일링거가 이끄는 오스트리아 팀은 실험 장치를 개선하여 무작위로 매우 빠르게 검출기를 선택하도록 함으로써 한쪽의 빛알이 다른 쪽 빛알에게 무슨 일이 일어나는지 알 방법이 없도록 만들었다. 이번에도 역시 양자역학을 지지하는 결과가 나왔다. 그 후 2001년 미국의 물리학자 팀이 베릴륨을 이용한 실험에서 얽힌 빛알들을 모두 포착함으로써 그때까지 논란이 되었던 불안전한 샘플링 문제를 해결했다. 이제 결과는 명백하다. 양자 정보는 얽혀 있다.

장거리 얽힘

오늘날 물리학자들은 아주 먼 거리에서도 얽힘이 유지될 수 있음을 입증했다. 1998년 제네바 대학교의 볼프강 티텔, 위르겐 브렌델, 휴고 츠빈덴, 니콜라스 지생은 광섬유 케이블을 통해 제네바를 가로지르는 10킬로미터 길이의 터널로 전송시킨 후, 두 빛알의 얽힌 상태를 측정했다.

2007년 차일링거 팀은 144킬로미터 떨어진 카나리아 제도의 라팔마 섬과 테네리페 섬에서 얽힌 빛알들을 이용한 통신에 성공했다. 얽힘은 현재 장거리 양자 통신 수단으로 연구 중이다.

클로저와 아스페의 실험과 이후의 수많은 실험들을 통해서 국소적 숨은변수이론이 옳지 않다는 사실이 결정적으로 입증되었다. 양자 얽힘과 빛보다 빠른 통신은 실제로 일어나는 사건이다.

1974 클로저와 프리드먼, 벨의 부등식을 검증.
1982 아스페, 벨의 부등식이 위배됨을 입증.
1998 차일링거, 통신의 허점을 제거.
1998 얽힌 빛알들이 제네바를 가로질러 10킬로미터를 이동.
2007 얽힌 빛알들이 카나리아 제도를 가로질러 144킬로미터를 이동.

42 양자 지우개 Quantum eraser

　변형된 영의 이중 슬릿 실험을 통해 파동−입자 이중성의 내부를 조금 들여다볼 수 있다. 간섭은 빛알이 서로 얽혀 있지만 경로가 불확실할 때에만 일어난다. 일단 빛알들의 경로가 알려지면 빛알은 입자처럼 행동하고 간섭무늬는 사라진다. 이러한 현상은 양자 정보를 얽히게 함으로써, 즉 지움으로써 제어할 수 있다.

　양자물리학의 핵심에는 파동−입자 이중성이라는 아이디어가 있다. 드브로이가 제안했듯이 모든 것은 파동과 입자의 성질을 동시에 가지고 있다. 그러나 자연의 이 두 성질은 동시에 모습을 보이지 않으며 서로 다른 환경에서 나타난다.

　19세기 영은 이중 슬릿 실험을 통해 빛이 가는 틈새를 지날 때 파동처럼 행동한다는 것과 서로 교차하는 빛줄기가 간섭 줄무늬를 만든다는 사실을 확인했다. 1905년 아인슈타인은 빛이 입자의 흐름처럼 행동하기도 한다고 밝혔다. 전자와 그 밖의 기본 입자들도 적절한 환경에서는 간섭을 일으킬 수 있다. 보어는 파동과 입자가 동전의 양면일지도 모른다고 생각했다. 하이젠베르크는 위치와 운동량같이 서로 보완적인 특징들은 동시에 파악하는 것이 불가능하다고 설명했다. 이러한 예측 불가능한 측면 역시 파동−입자 이중성이 원래 지닌 특성일까?

　1965년 파인먼은 영의 실험에서 입자가 어떤 슬릿을 통과했는지 우리가 측정할 수 있다면 무슨 일이 일어날지 의문을 품었다. 전자를 쏘아 2개의 슬릿을 통과시키고 실험 장치에 빛을 비추어 산란된 빛을 검출하면 전자 각각의 경로를 알 수 있다. 우리가 전자의 위치를 안다면, 즉 전자를 입자로 다룬다면 간섭무늬는 사라져야 한다고 그는 생각했다.

1982년, 이론물리학자인 말런 스컬리와 카이 드륄은 2개의 원자가 이중 슬릿 실험의 광원처럼 작용하는 사고실험을 생각해냈다. 레이저로 2개의 원자를 들뜨게 해 전자들을 더 높은 에너지 준위로 도약시키면, 두 원자의 전자들은 다시 제자리로 떨어지면서 각각 비슷한 빛알을 방출할 것이다. 두 빛알은 진동수가 같기 때문에 어느 빛알이 어느 원자에서 나왔는지는 알 수 없다. 이 빛알들은 이제 간섭을 해서 줄무늬를 만들어낸다. 그러나 다시 뒤로 돌아가보면 빛알이 나온 원자를 찾아낼 수 있다. 남은 원자들의 에너지를 측정할 수 있다면 에너지를 잃은 원자가 방출된 빛알의 원래 주인이 되는 것이다. 그리고 기술적으로 빛알이 방출된 이후 원자의 에너지를 측정하는 것이 가능하다. 따라서 대략적으로나마 빛의 파동과 입자로서의 측면을 동시에 볼 수 있는 것이다.

그럼에도 코펜하겐 해석은 파동과 입자의 특성을 전부 다 볼 수 없다고 단언한다. 양자역학에 따르면 우리는 전체 계와 그 파동함수를 고려해야 한다. 원자들의 상태를 관측한다면, 설사 빛알이 방출되어 날아간 후라고 하더라도 전체 실험에 영향을 끼친 셈이다. 그렇다면 빛알은 입자처럼 행동하고 간섭은 사라질 것이다.

삭제

만일 원자를 측정하기는 하되 결과를 보지 않는다면 어떨까? 이론적으로는 우리가 빛알의 경로를 전혀 모른다면 간섭무늬가 유지되어야 한다. 하지만 실제로는 남은 원자의 에너지를 측정하고 비밀을 지키더라도 간섭 줄무늬는 되살아나지 않는다.

에너지를 측정하되 그 정보를 봉인하는 한 가지 방법은 두 원자 모두에게 레이저 빛알을 추가로 쏘는 것이다. 첫 번째 빛알을 만들어냈던 원자는 다시 들뜨면서 세 번째 새로운 빛알을 방출할 것이다. 그러나 우리는 이제 그 빛알이 어느 원자에서 나왔는지 알 수 없게 된다. 둘 중 하나는 붕괴했을 것이기 때문이다.

그러나 이것만으로는 간섭 줄무늬가 다시 나타나게 할 수 없다. 간섭하는 빛알들은 세 번째 빛알에 대해서는 아무것도 모른다. 줄무늬가 나타나기 전에 이 두 그룹을 얽히게 만들어야 한다. 앞의 경우에서 우리는 세 번째 빛알에 포함된 정보를 지울 수 있고, 그러면서도 전체 시

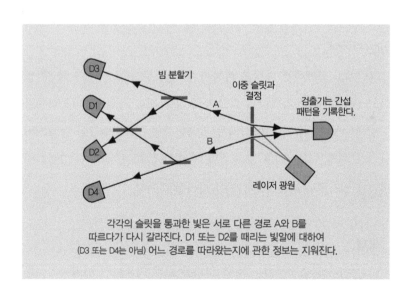

각각의 슬릿을 통과한 빛은 서로 다른 경로 A와 B를
따르다가 다시 갈라진다. D1 또는 D2를 때리는 빛알에 대하여
(D3 또는 D4는 아님) 어느 경로를 따라왔는지에 관한 정보는 지워진다.

스템의 일부로 포함시킬 수 있다. 어떤 원자에서 나왔는지 모르는 상태로 세 번째 빛알을 검출함으로써 양자적 불확정성이 되살아나게 된 것이다. 예를 들면 세 번째 빛알을 두 원자 사이에 놓인 검출기로 포착할 수 있다. 이때의 확률은 50퍼센트이므로 불확실한 상태가 된다. 그러나 검출을 통해(또는 검출이 안 되더라도) 전체 계는 원상태로 돌아가고 간섭하는 빛알의 경로에 대해서는 전혀 알 수 없게 된다. 이 실험은 시스템에 관한 양자적 정보를 파괴하기 때문에 '양자 지우개'라는 이름이 붙었다.

더 깊이 들여다보면, 원래 간섭을 일으켰던 빛알 중 하나는 세 번째 빛알과 얽히게 된다. 이제 세 번째 빛알이 검출되느냐 안 되느냐의 두 가지 가능성이 있다. 그리고 각각의 경우에 따라 간섭 패턴이 나타난다. 그러나 이 간섭 패턴들은 위상이 치우쳐 있어 이 둘을 합치면 서로 상쇄된다. 따라서 세 번째 빛알의 등장으로 인해 불확정성은 지속되면서 첫 번째 무늬를 상쇄시키는 간섭 패턴만 추가하게 된다. 만일 세 번째 빛알의 운명에 대해 알게 되고 그 존재를 검출하면, 시스템은 간섭 무늬 중 하나만 선택한다.

얽힌 간섭

1995년 오스트리아 인스부르크 대학교의 안톤 차일링거 팀은 레이저로 결정을 들뜨게 하여 생성된 얽힌 빛알 쌍을 이용해 앞에서와 비슷한 실험 장치를 꾸몄다. 그들은 에너지 준위가 아주 낮은 빨간색 빛과 적외선을 사용했고 실험을 통해 빛알을 개별적으로 추적할 수 있었다. 먼저 들뜬 빛알의 빛줄기를 만든 후, 그중 일부를 다시 결정으로

안톤 차일링거 (1945~)

차일링거는 1945년 오스트리아에서 태어났다. 현재 빈 대학교의 교수이자 오스트리아 과학아카데미의 회원인 그는 1970년대부터 양자 얽힘 실험의 선구자였다. 그는 실험에 사용된 빛알 쌍의 얽힌 편광을 항상 짝지은 수로 떨어지는 한 쌍의 주사위로 설명하기도 했다. 차일링거 팀은 수많은 기록을 보유하고 있는데, 특히 얽힌 빛알을 가장 멀리까지 전송한 기록과 얽힌 빛알 쌍을 가장 많이 만든 기록이 유명하다. 1997년 차일링거는 양자적 순간이동을 시연했다. 한쪽에 각인된 양자 상태를 얽혀 있는 두 번째 입자로 전송한 것이다. "내가 하는 모든 일은 다 재미로 하는 것이다." 그는 이렇게 말한다.

돌려보내 두 번째 빔을 만들었다. 이 둘이 만나면서 간섭이 발생했다. 그러나 편광 방향을 바꿔주면서 각각의 빔을 구분하고, 그에 따라 주어진 빛알의 경로를 확인하면 간섭이 사라졌다. 간섭무늬는 두 경로가 뒤섞여 모든 위치 정보가 사라지기 전까지는 다시 나타나지 않았다.

더 기묘한 점은 양자 지우개를 적용하기로 결정한 시점이 전혀 상관이 없다는 것이다. 간섭 빛알을 검출한 후에 양자 지우개를 적용해도 결과는 마찬가지다. 2000년에 한국의 물리학자 김윤호는 스컬리와 동료들과 함께 이러한 '지연된 선택' 양자 지우개 실험을 수행했다. 간섭 패턴은 빛알이 이미 검출기에 도달한 이후에도 빛알의 경로를 알든지 모르든지 간에 상관없이 바꿀 수 있다. 간섭 줄무늬가 나타나는 것은 오로지 두 번째 불확정성이 해소되고 난 이후뿐이다.

따라서 양자물리학의 상호보완성과 비국소적 효과 사이에는 연결고리가 존재한다. 간섭은 오직 이 얽혀 있는 장거리 상관관계 때문에 발생한다. 그리고 파동과 입자의 특성을 동시에 측정하는 것은 불가능하다.

1905 아인슈타인, 빛이 입자처럼 행동할 수 있음을 밝힘.
1927 보어, 코펜하겐 해석과 상보성 이론 제안.
1965 파인먼, 빛알의 양면을 동시에 볼 수 있는지를 질문.
1982 스컬리와 드륄, 파동—입자 스위칭 실험 구상.
1995 차일링거, 파동—입자 스위칭을 관측.

양자의
미래

43 양자 결깨짐 Quantum decoherence

양자 세계에서는 모든 것이 불확실하다. 입자와 파동은 구분이 불가능하다. 파동함수는 측정을 통해 무언가를 포착할 때 붕괴된다. 반면 고전 세계에서는 모든 것이 더 확고해 보인다. 검댕이 알갱이는 오늘도 내일도 언제까지나 검댕이 알갱이다.

양자 세계와 고전 세계 사이의 경계는 어디서부터 나타나는 것일까? 드브로이는 우주의 모든 물체에 고유 파장을 부여했다. 축구공처럼 큰 물체들은 파장이 극히 작아 입자처럼 행동한다. 전자처럼 작은 물체의 파장은 자신의 크기와 거의 비슷한 정도이므로 파동적 특성이 나타난다.

보어는 양자역학에 대한 코펜하겐 해석에서 측정이 이루어질 때마다 파동함수가 '붕괴'한다고 제안했다. 파동함수의 내재된 특성 중 일부는 우리가 확신을 가지고 특징을 파악하는 순간 사라지며, 측정 이전의 상태로 되돌릴 수 없다. 그런데 파동함수가 붕괴될 때, 또는 우리가 측정을 할 때 실제로는 무슨 일이 일어나는가? 불확실성이 어떻게 확고한 결과로 바뀌는 것일까?

에버렛은 1957년 '다세계' 개념을 발표하면서 이 문제를 우회할 방법을 제안했다. 그는 전체 우주가 하나의 파동함수를 가진 것으로 여겼고, 이 파동함수는 전개될 뿐 절대 붕괴되지 않는다고 가정했다. 측정 행위는 양자계 사이의 상호작용 또는 얽힘이며, 이때 새로운 우주가 파생된다는 것이다. 그렇다고 해도 에버렛은 이런 일이 정확히 언

양자 부조화

양자컴퓨터를 실현하는 데 있어 결깨짐을 극복하는 것은 거대한 도전이다. 양자컴퓨터가 가동하려면 오랜 기간 저장할 수 있는 양자상태가 필요하기 때문이다. 이에 대해 양자상태 간의 얽힘 정도를 기술하는 '양자 부조화quantum discord'가 해결 방안으로 제시되었다.

제 일어나는지 설명하지 못했다.

이후 파동-입자 이중성을 양자 퍼텐셜의 관점에서 설명하고자 했던 드브로이와 봄의 '길잡이 파동guide wave' 양자이론에서는, 측정이 양자장 안에 놓인 입자의 운동을 왜곡한다고 설명했다. 이는 일반상대성이론에서 하나의 질량을 다른 질량 근처에 가져다 놓을 때 시공간이 한쪽으로 치우치면서 두 질량의 중력 영향이 뒤섞이는 것과 비슷하다. 입자의 파동함수는 실질적으로 붕괴되는 일은 없으며, 단순히 형태만 바뀐다.

결깨짐

오늘날 확률을 확실성으로 바꿀 수 있는 최고의 해석은 결깨짐 decoherence 개념이다. 결깨짐은 1970년 물리학자 디터 제가 최초로 언급했다. 양자 개체 근처에 측정 장치를 갖다 놓는 상황에서처럼 2개 이상의 파동함수가 서로 대립된 상태로 등장할 경우, 이들 간의 상호작용은 상대적 위상에 따라 좌우된다. 빛이나 물의 파동이 간섭을 일으키면서 진폭이 커지거나 상쇄되는 것처럼, 파동함수도 둘 이상이 섞이면 보강되거나 사라진다.

파동함수가 겨뤄야 하는 상호작용이 더 많을수록, 파동함수는 더 많이 중첩된다. 결과적으로 파동함수의 결(위상)이 깨지면서 파동으로서의 특성을 상실한다. 결깨짐은 크기가 큰 물체에서 더욱 의미가 크다. 큰 물체들은 작은 물체보다 양자 결맞음quantum coherence이 훨씬 더 빨리 깨진다. 전자처럼 작은 물체들은 양자적 온전성을 더 오래 유지한다. 예를 들어 슈뢰딩거의 고양이는 관측당하지 않더라도 상당히 빨리 고양이로서의 형태를 유지하게 될 것인데, 그 이유는 고양이의 파동함수가 거의 순간적으로 붕괴되기 때문이다.

이는 꽤 편리한 아이디어다. 이 아이디어를 따르면 우리에게 익숙한 거시 세계가 확고한 기반 위에 서 있게 된다. 그러나 이 접근법에는 여전히 문제가 있다. 한 예로, 왜 결깨짐은 고양이 같은 양자적 거대 물체에는 그렇게 균일하게 작용하는가? 고양이의 절반은 양자적 극빈 상태에 머물고 나머지 절반만 실체가 될 수는 없을까? 문자 그대로 반은 살고 반은 죽어 있을 수는 없을까?

게다가, 붕괴된 파동함수의 결과를 관측에 적합하도록 제한하는 것은 무엇인가? 왜 입자로서의 빛알은 필요할 때 나타나는 것이며, 경로에 슬릿이 놓이면 그 순간 파동이 되는가? 결깨짐으로는 파동-입자 이중성에 대해 설명할 수 있는 것이 거의 없다.

거대 시스템

더 많은 것을 이해하기 위해 양자 작용을 보여주는 거시 현상 또는 물체를 고안하여 연구하는 것도 한 방법이다. 1996년과 1998년 프랑스 물리학자인 미셸 브룬, 세르주 아로슈, 장–미셸 레이몽과 동료들은 루비듐 원자의 중첩된 상태에 전자기장을 걸고 조작함으로써 양자적 온전성이 무너지는 것을 목격했다. 다른 팀에서도 슈뢰딩거의 고양이와 유사한 시나리오를 더 큰 규모에서 더 나은 조건으로 구현하고자 시도했다.

거대 분자의 양자 작용 역시 방법이 될 수 있다. 1999년 오스트리아의 안톤 차일링거 팀은 버키볼의 회절을 관측했다. 버키볼은 60개의 탄소 원자로 이루어진 축구공 모양의 구조물인데, 정식 명칭은 버크민스터풀러렌buckminsterfullerene이다. 이는 건축가인 버크민스터 풀러의 이름에서 딴 것이다. 상대적 규모로 비교하자면 축구공을 골대 정도 크기의 틈새로 쏘아 넣은 후 공이 간섭하고 파동처럼 행동하는 것을 관측한 것과 비슷하다. 버키볼의 파장은 물리적 크기의 400분의 1이었다.

결깨짐 효과를 연구할 수 있는 또 다른 거대 시스템으로 초전도자석이 있다. 초전도자석은 응고점 이하로 과냉각된 금속 링의 형태로 되어 있는데 지름은 수 센티미터 정도이다. 초전도체는 전도성이 무한하므로 전자는 아무런 제약을 받지 않고 물질을 통해 이동할 수 있다.

초전도체 고리는 특별한 에너지 준위 또는 양자상태를 선택한다. 따라서 초전도체들을 서로 가까이 두면 각각의 초전도체 고리에서 전류가 나와 하나는 시계 방향으로, 다른 하나는 반시계 방향으로 흐르면서 서로 간섭하는 현상을 관찰할 수 있다. 수많은 연구를 통해 시스템의 크기가 클수록 결깨짐이 더 빠르게 일어난다는 사실이 입증되었다.

양자 누출

결깨짐은 수많은 작은 상호작용을 통해 양자 정보가 주위로 새어나가는 현상으로 간주할 수 있다. 결깨짐이 실제로 파동함수의 붕괴를 일으키지는 않지만, 시스템의 양자 성분들이 꾸준히 분리되면서 붕괴와 비슷한 효과를 낸다.

따라서 결깨짐은 측정 문제를 해결하지 못한다. 측정 장비는 값을 읽을 수 있도록 충분히 커야 하기 때문에, 관측하고자 하는 물질의 경로에 놓인 복잡한 하나의 양자계일뿐이다. 따라서 검출기를 구성하는 수많은 입자들은 자신의 사냥 대상과 복잡한 방식으로 상호작용을 한다. 이렇게 무수히 얽혀 있는 상태에서 서서히 결이 깨지면서, 뒤죽박죽으로 분리된 상태들만 남게 된다. 이러한 양자적 '모래밭'이 측정의 최종 결과가 되고, 원래 시스템과 무관한 양자 정보가 흘러나온다.

모든 것을 고려할 때 양자적 상호작용의 얽힌 그물망은 '실체론 realism'이 죽었음을 의미한다. 빛의 속도에 직접적으로 제한을 받는 신호 전송이라는 '국소론localism'과 마찬가지로, 입자가 개별적인 실체로 존재한다는 실체론 역시 위장에 불과하다. 실체라는 것은 우리의 세계가 실제로는 양자적 잿가루로 만들어져 있다는 사실을 감추고 있는 가면일 뿐이다.

1970 제, 결깨짐 개념 발표.
1996 루비듐 원자에서 양자 결깨짐이 관측됨.
1999 버키볼의 회절 현상이 관측됨.

44 큐비트 Qubits

양자계는 규모가 작고 다양한 상태로 존재할 수 있기 때문에 근본부터 새로운 형태의 컴퓨터를 제작할 수 있는 가능성이 대두되고 있다. 기존의 컴퓨터는 디지털 정보의 저장과 처리에 전자를 이용하는 반면, 양자컴퓨터는 원자 자체를 이용한다.

양자컴퓨터는 1980년대에 제안된 이래 최근 10여 년 동안 급격히 발전하고 있지만, 현실화가 되려면 아직도 갈 길이 멀다. 지금까지는 물리학자들이 연산에 사용할 수 있도록 10여 개의 원자들을 연결하는 데 성공했을 뿐이다. 양자컴퓨터 개발이 어려운 이유는 원자의 양자상태를 읽는 동시에 외부의 영향을 받지 않도록 원자들과 기본 연산 단위들을 고립시켜야 하는데, 이 과정이 쉽지 않기 때문이다.

기존의 컴퓨터는 숫자와 명령어들을 2진 코드로 변환시켜 활용한다. 2진 코드란 0과 1이 나열된 코드다. 우리는 일반적으로 10진법을 사용해 연산을 하지만, 컴퓨터는 2진법으로 연산한다. 숫자 2와 6을 2진법으로 표기하면 각각 '10'(2가 1개 있고 1은 없음) 그리고 '110'(4가 1개, 2가 1개, 1은 0개)이 된다. 2진수 표기에서 0과 1을 '비트bit'라고 한다. 전자 컴퓨터의 하드웨어에서는 이 2진 코드를 온on 또는 오프off의 물리적 상태로 변환한다. 둘 중 하나를 구분할 수 있는 장치는 무엇이든 2진 데이터를 저장하는 수단으로 사용할 수 있다. 2진수 코드는 실리콘 칩으로 만든 논리 게이트로 처리한다.

양자 비트

양자컴퓨터는 본질적으로 다르다. 양자컴퓨터 역시 온−오프 상태에 기반을 두지만(이를 양자 비트quantum bit 또는 줄여서 큐비트qubit라고 부른다) 방식이 살짝 다르다. 큐비트도 2진 신호처럼 서로 다른 2개의 상태를 이용한다. 그러나 일반적인 비트와는 달리 큐비트는 혼합된 양자상태로도 존재할 수 있다.

하나의 큐비트는 2개의 상태, 즉 0과 1의 양자적 중첩을 표현할 수 있다. 큐비트 2개는 네 가지 상태의 중첩을, 큐비트 3개는 여덟 가지 상태의 중첩을 표현한다. 각각의 경우에 새로운 큐비트를 추가하면 혼합된 상태의 개수는 2배로 늘어난다. 이와는 대조적으로 기존의 컴퓨터는 어느 한 순간에 둘 중 하나의 상태로만 존재한다. 큐비트끼리의 연결이 2배씩 증가하는 특성 때문에 양자컴퓨터의 능력은 대단히 강력하다.

양자 세상의 특성 중 연산에 활용할 수 있는 또 다른 장점은 바로 얽

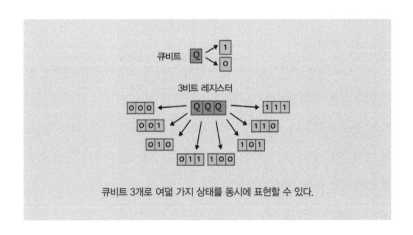

큐비트 3개로 여덟 가지 상태를 동시에 표현할 수 있다.

힘이다. 큐비트의 작용은 멀리 떨어져 있어도 양자 법칙에 의해 서로 연결되어 있다. 한 큐비트의 상태를 바꾸면 그와 동시에 다른 큐비트의 상태도 바뀌기 때문에, 연산 메커니즘의 속도가 빨라지고 융통성 있는 작업이 가능하다.

이러한 이유로 일부 유형의 연산에서는 기존 컴퓨터보다 양자컴퓨터가 훨씬 더 뛰어난 능력을 보일 수도 있다. 특히 빠른 스케일링이 필요하거나 복잡한 통신망 네트워크의 문제를 해결할 때에는 양자컴퓨터가 적합하며 효율도 좋다.

1994년 수학자 피터 쇼어가 효과적인 인수분해(주어진 수를 소수素數의 곱으로 분해하는 것) 알고리즘을 개발하자, 양자컴퓨터 분야는 더욱 활기를 띠게 되었다. 쇼어의 알고리즘은 현재 여러 팀에서 몇 개 안 되는 큐비트를 가지고 계속 개발하는 중이다. 이 알고리즘이 기술적으로는 거대한 도약이긴 하지만, 결과로만 보면 크게 놀랄 만한 것은 아님을 인정해야 한다. 지금까지 큐비트 연산을 통해 15가 3 곱하기 5, 21은 3 곱하기 7이라는 사실이 밝혀졌을 뿐이다. 그러나 아직은 시작 단계다. 언젠가 규모가 큰 양자컴퓨터가 제작되면, 쇼어의 알고리즘은

큐비트 장치들
- 이온 덫: 빛과 자기장을 이용해 이온 또는 원자를 포착한다.
- 광학 덫: 빛 파동을 이용해 입자를 제어한다.
- 양자점: 반도체 물질로 제작하며 전자를 조작한다.
- 초전도 회로: 낮은 온도에서 전자가 거의 저항 없이 흐르게 한다.

놀라운 능력을 발휘할 것이다. 현재 인터넷상에서는 정보 보안을 위해 여러 방식으로 암호를 사용하고 있는데, 양자컴퓨터는 이를 모두 깰 수 있는 잠재력이 있다.

일관성 유지하기

양자컴퓨터는 어떻게 제작할 수 있을까? 먼저 큐비트가 필요하다. 큐비트는 서로 다른 두 상태를 가질 수만 있다면 어떠한 양자계로도 만들 수 있다. 가장 단순한 큐비트는 빛알이다. 빛알에서는 두 편광 방향, 즉 수직과 수평 방향을 양자상태로 사용한다. 전자 배열이 다른 원자나 이온도 시험해보았고, 전류의 방향이 시계 방향 또는 반시계 방향인 초전도체도 시험 대상이었다.

슈뢰딩거의 고양이가 닫힌 상자 안에서 살아 있는 동시에 죽어 있을 가능성이 있는 것처럼, 큐비트도 측정을 통해 최종 상태가 결정될 때까지는 중첩된 상태로 존재한다. 또한 고양이와 마찬가지로 큐비트의 파동함수 역시 주위 환경과 수많은 미세한 상호작용을 거치면서 부분적으로 붕괴되기 쉽다. 이러한 양자 결깨짐을 막는 것이 양자컴퓨터의 가장 큰 과제다. 기계 장치 안에서는 큐비트를 고립시켜 큐비트의 파동함수가 외부의 방해를 받지 않게 하는 것이 중요하다. 동시에 큐비트는 외부에서 조작할 수 있어야 한다.

원자나 이온 같은 낱개 큐비트들은 작은 셀 안에 내장될 수 있다. 구리와 유리 케이스는 회로에서 발생할 수 있는 유령 전자기장으로부터 큐비트를 보호하고 전극을 연결할 수 있다. 원자는 다른 원자와 상호작용하는 것을 막기 위해 진공 상태에 두어야 한다. 큐비트의 에너지와 양자상태, 예를 들면 전자의 에너지 준위나 스핀을 바꾸기 위해서는 레이저와 기타 광학 장치들을 사용한다.

현재까지 양자 '레지스터'의 소규모 시제품만 제작된 상태다. 이 제품은 대략 10개 정도의 큐비트를 연결시킨 것이다. 양자컴퓨터 제작에는 수많은 도전 과제가 있다. 첫째, 하나의 큐비트를 제작해 고립시키는 것만 해도 상당히 어렵다. 양자 결맞음을 깨뜨리지 않고 오랜 기간 동안 유지시키는 것도 고난도의 작업이다. 양자 결맞음을 유지해야 정확하면서 재현 가능한 결과를 보장할 수 있다. 3 곱하기 5를 계산할 때마다 계속 다른 답이 나오면 곤란하니 말이다. 여러 개의 큐비트를 결합시킬 때마다 장치의 복잡도도 증가하고, 큐비트 배열이 늘어날수록 전체 장치를 제어하는 것도 더 어려워진다. 원치 않는 상호작용의 가능성이 커지면서 정확도에 문제가 생길 수 있다.

미래의 컴퓨터

기존 컴퓨터의 실리콘 칩 기술이 한계에 이르면, 완전히 새로운 능력을 지닌 양자 기술이 부상할 것이다. 양자컴퓨터는 거의 모든 것을 시뮬레이션할 수 있고 인공지능 기계를 창조하는 열쇠가 될 수도 있다.

양자컴퓨터는 여러 개의 병렬 장치를 통해서가 아니라 평행우주들을 가로질러 수많은 연산을 동시에 수행한다. 이런 능력을 활용하기 위해서는 쇼어의 함수처럼 새로운 유형의 알고리즘이 필요하다. 그러나 양자컴퓨터는 본질적으로 약하다. 양자컴퓨터는 주위 환경에 대단히 민감하기 때문에 기본적으로 부서지기 쉽다.

1981 폴 베니오프, 양자이론을 컴퓨터에 적용.
1982 파인먼, '양자컴퓨터' 아이디어 제시.
1989 데이비드 도이치, 양자컴퓨터의 제작 가능성 입증.
1994 쇼어, 인수분해 알고리즘 제안.
2001 쇼어의 알고리즘이 양자컴퓨터에서 시연.
2007 캐나다의 한 회사가 16비트 이온 덫$^{ion\ trap}$ 컴퓨터를 시연.

45 양자 암호 Quantum cryptography

컴퓨터가 거의 모든 암호를 해독할 정도로 강력해지면서 사적인 메시지를 주고받는 일이 위협받고 있다. 메시지를 안전하게 지키는 가장 간단한 방법은 양자의 불확실성과 얽힘을 이용해 메시지를 뒤섞는 것이다. 누구든 메시지를 엿보려 하면 양자계의 상태가 바뀌면서 침입 사실이 확인되고 메시지 자체는 파괴된다.

인터넷으로 은행 계좌를 확인하거나 이메일을 보낼 때, 컴퓨터는 수신자만 읽을 수 있도록 메시지를 규칙에 따라 뒤섞은 후 교환한다. 편지와 숫자들은 암호화된 메시지로 변환되어 전송되고 수신자 쪽에서는 암호를 변환할 열쇠를 이용해 해독한다.

암호는 염탐꾼의 눈을 피해 중요한 정보를 전달하기 위해 오랫동안 사용된 방법이다. 로마의 황제 율리우스 카이사르는 단순한 암호를 고안해 메시지를 전하는 데 사용했다. 규칙은 간단했다. 글자를 하나씩 다른 글자로 바꾸는 것이다. 각각의 글자를 알파벳상에서 두 자 뒤의 글자로 바꾸면, 'HELLO'라는 메시지는 'JGNNQ'로 의미를 알 수 없는 표현이 된다.

제2차 세계대전 중에 나치는 비밀 통신을 위해 자동 암호화 기계를 제작했다. 타자기와 비슷하게 생긴 이 복잡한 기계의 이름은 '에니그마'였다. 기계를 사용해 메시지를 암호화할 때 가장 큰 장점은 원래 메시지와 암호화된 메시지의 정확한 대응을 알려면 암호를 제작한 기계가 꼭 필요하다는 것이다. 중간에서 누군가 메시지를 가로채더라도 해독할 수 있는 규칙을 알 방법은 없다. 암호를 해독하기 위해서는 해독 기계를 수중에 넣어야 한다.

블레츨리 파크는 영국 정부의 비밀 암호 해독 기관이었는데, 이곳의 연구자 중에는 영국의 수학자 앨런 튜링도 있었다. 이곳의 수학자들은 글자들의 특정 조합의 확률을 계산해 해독함으로써 에니그마를 무력화시킨 것으로 유명하다. 앞에서 나왔던 'HELLO' 같은 경우, 튜링은 중복된 'NN'이 'LL'이거나 'EE' 또는 'OO'일 가능성이 있음을 지적했다. 단어들만 충분히 많이 확보한다면 암호를 깨는 것이 가능했다. 블레츨리에서 그가 해독한 독일군의 암호들은 전세를 연합군에 유리하게 돌려놓았다.

비밀 열쇠

통신 기술이 발전하면서 암호는 더욱더 복잡해지게 되었다. 기계로 제작한 암호도 안전하지 않다. 해킹되지 않는 암호를 위해서는 원래 문자와 암호화된 문자 사이에 유일하면서도 무작위적인 대응을 시키는 것이 가장 바람직하다. 메시지를 읽는 사람이 암호를 풀 수 있는 동일한 열쇠를 가지고 있다면 메시지를 해석할 수 있다.

열쇠 공유 방식은 흔히 두 가지로 나뉜다. 즉 공개 열쇠 암호 방식과 비밀 열쇠 암호 방식이다. 공개 열쇠 암호 방식에서 발신자는 2개의 연결된 열쇠를 선택한 후 하나는 자신이 갖고 다른 하나는 공개한다. 마치 문이 2개 달린 우편함을 통해 편지를 주고받는 것과 비슷한 원리다. 공개된 열쇠의 암호를 부분적으로 이용해 편지를 보내는 것은 얼마든지 가능하지만 편지를 완벽하게 해독할 수 있는 비밀 열쇠를 가진 사람만이 편지를 읽을 수 있다. 두 번째 방법인 비밀 열쇠 암호 방식은 하나의 열쇠를 이용하는 방법인데, 메시지를 교환하려는 두 사람이 이 열쇠를 공유해야 한다. 이 경우 열쇠가 비밀로 지켜지는 한 메시지는 안전하다.

두 방법 모두 완벽하게 안전한 것은 아니다. 그러나 양자 트릭을 이용하면 안전성을 강화할 수 있다. 공개적으로 공유된 열쇠는 해킹 시도를 무력화하려면 어마어마하게 길어야 한다. 그러나 이렇게 열쇠가 길면 암호화와 해독 과정이 느려진다. 처리속도가 빠른 컴퓨터를 구하더라도 열쇠의 길이는 그에 맞게 더 길어져야 한다. 양자컴퓨터가 현실화된다면, 대부분의 공개 열쇠 코드들은 빠르게 해킹될 수 있다.

비밀 열쇠 암호 방식의 문제점은 열쇠를 교환하기 위해 교신하는 사람들이 서로 접촉해야 한다는 것이다. 열쇠에 관한 정보를 담은 메시지를 보내야 하는데, 이 메시지가 안전하지 않거나 도청을 당할 수도 있다. 이러한 문제에 대하여 양자역학이 해답을 제시한다.

양자 열쇠

열쇠는 빛알을 이용해 보낼 수 있다. 2진법, 즉 0과 1로 구성된 메시지는 빛알의 수직과 수평 편광 상태를 이용해 전달할 수 있다. 그리고 정보를 암호화할 때 양자의 불확실성이 개입할 수 있다.

앤과 버트가 서로 메시지를 전하려 한다고 상상해보자. 먼저 앤이 빛알 한 묶음의 편광 방향을 조작해서 2진 메시지를 만든다. 이 메시지를 다른 사람들이 볼 수 없도록 잘 섞는다. 메시지는 무작위로 선택한 직교 필터 세트에 빛알을 통과시킴으로써 섞을 수 있다. 직교 필터는 직각 방향의 편광을 측정할 수 있으며, 필터끼리는 서로 45도 각도로 기울어져 있다(+ 또는 ×). 따라서 빛알들에게 허락된 편광 상태는 수직과 수평, 왼쪽과 오른쪽으로 각각 45도씩 기울어진 방향으로 총 4개가 된다.

이제 버트가 뒤섞인 빛알들을 받는다. 버트도 빛알 각각에 대하여 필터를 고르고 그가 측정한 것을 기록한다. 지금까지 겉으로 보기에는 버트가 아무렇게나 관측하는 것처럼 보인다. 그러나 양자가 부리는 마술은 앤과 버트가 코드를 비교할 때 비로소 등장한다. 버트는 앤에게 자신이 빛알을 관측하는 데 사용한 필터를 알려준다. 앤은 버트에게 그것이 옳은지 틀린지를 말해준다. 이 정보만으로 버트는 2진 코드 메시지를 해석할 수 있다.

버트만이 그 결과를 알고 있으므로, 제3자는 이 둘이 무슨 얘기를 하는지 이해하지 못한다. 더 멋진 것은 만일 제3자가 빛알을 가로채려고 시도하더라도, 앤과 버트는 양자역학을 통해 제3자가 빛알의 특성을 바꾸려 한다는 사실을 알아챈다는 것이다. 따라서 앤과 버트의 코드를

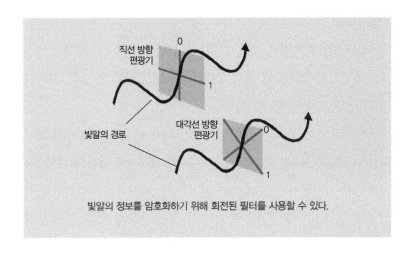

빛알의 정보를 암호화하기 위해 회전된 필터를 사용할 수 있다.

비교하면 불일치의 결과가 나오고, 두 사람은 누군가 도청하려 했다는 걸 알게 된다.

얽힌 메시지

양자 암호의 전망은 밝다. 그러나 아직은 준비 단계에 머물러 있다. 메시지를 전송하는 데는 성공했지만 상대적으로 짧은 거리를 이동했을 뿐이다. 핵심 문제는 빛알이 이동하는 동안 수많은 입자들과 상호작용을 하면서 신호가 손실될 수 있다는 점이다.

이러한 정보 손실을 피하는 방법은 양자 얽힘을 이용하는 것이다. 그러면 빛알이 주위 환경을 헤치고 목적지까지 몇 킬로미터나 이동할 필요가 없다. 수신기와 발신기가 얽힌 특성을 가진 짝꿍 빛알을 나눠 가지고 있으면 충분하다. 발신자가 빛알의 상태를 바꾸면, 얽힌 짝꿍 입자도 동시에 상호보완적인 상태로 바뀌게 된다. 따라서 버트 쪽에서 양자 규칙을 적용하는 과정을 추가하면 메시지를 추론해낼 수 있다.

2007년 차일링거와 그의 팀은 얽힌 빛알 쌍을 이용하여 144킬로미터 떨어진 카나리아 제도의 두 섬 사이에서 메시지를 전송하는 데 성공했다. 양자 전송을 최초로 실현한 개가였다. 빛알들의 편광은 서로 반대 방향이었으며, 서로 커플링시켜 얽히게 만든 것이었다. 차일링거 팀은 한쪽의 빛알을 조작하고 반대편의 얽힌 짝꿍 빛알을 관찰함으로써 광케이블을 통해 정보를 전송했다.

1938 튜링, 블레츨리 파크에서 암호 해독을 연구.
1982 아스페, 양자 얽힘을 입증.
2007 얽힌 빛알이 카나리아 제도를 가로질러 144킬로미터를 이동.

46 양자점 Quantum dots

실리콘 칩부터 게르마늄 다이오드까지, 현대 전자공학은 반도체 산업을 중심으로 성장했다. 반도체는 일반적인 상황에서는 전기가 통하지 않는다. 반도체 물질의 전자들이 결정격자 안에 갇혀 있기 때문이다. 그러나 에너지를 높이면 전자가 자유로워지면서 결정 안을 떠돌아다니게 되어 전류가 흐른다.

전자가 자유를 얻기 위해 넘어야 하는 에너지 간격을 '밴드갭band gap' 또는 '띠틈'이라고 한다. 전자가 이 틈을 넘을 수 있는 에너지를 얻으면 자유롭게 움직이게 되며, 반도체의 전기 저항은 급격히 떨어진다. 전자제품을 만들 때 반도체가 중요하게 사용되는 이유는 이처럼 도체와 부도체의 중간적 특성을 갖는 유연성 때문이다.

대부분의 전자 부품들은 상대적으로 덩치가 큰 반도체 물질을 사용한다. 실리콘 칩은 손바닥 위에 놓을 수 있고, 저항기를 사용해 라디오 기판에 납땜할 수도 있다. 그런데 1980년대 물리학자들은 실리콘 조각들의 크기가 아주 작으면 특이하게 행동한다는 사실을 발견했다. 양자 효과가 나타나기 시작하는 것이다.

수십 또는 수백 개의 원자로 이루어진 실리콘 유의 반도체 물질 조각을 '양자점'이라고 부른다. 양자점의 지름은 대략 나노미터(10억분의 1미터) 정도로 조금 큰 분자 정도의 크기다.

양자점은 매우 작기 때문에 그 안에 있는 전자들은 양자적으로 연결되어 서로 얽히게 된다. 전체가 본질적으로 하나의 개체처럼 행동하기 시작하는 것이다. 이러한 구조를 '인공 원자'라고 부르기도 한다.

전자는 페르미온이기 때문에 파울리의 배타원리에 따라 서로 다른 양자상태를 유지해야 한다. 이에 따라 전자들이 계층별로 채워지면, 양자점 전체에 새로운 에너지 준위들이 부여됨으로써 단일 원자의 에너지 궤도들과 모양이 비슷해진다.

전자가 높은 에너지로 도약하면 격자 안에 있던 원래 자리에 '구멍'이 남는다. 이 구멍은 상대적 관점으로 볼 때 양전하로 대전되어 있다고 말할 수 있다. 전자-양공 쌍은 수소 원자, 즉 양성자와 전자의 구조와 비슷하다. 양자점도 수소 원자처럼 전자가 에너지 준위 사이를 도약하면서 빛알을 흡수하거나 방출할 수 있다. 그러면 양자점은 빛을 발하기 시작한다.

바이오센서

생물학자들은 실험실에서나 현장에서 작업할 때 유기체의 변화를 추적하기 위해 화학 염료와 형광물질을 사용한다. 이런 염료나 형광물질은 성능이 급격히 떨어지거나 닳아 없어지거나 희미해진다. 양자점을 표시자로 사용할 경우 여러 장점이 있다. 먼저 화학적으로 반응하지 않기 때문에 유지 시간이 더 길다. 또한 양자점에서 방출되는 빛은 진동수의 폭이 좁기 때문에 적절한 필터를 사용하면 주위 배경에 대비되어 훨씬 더 눈에 잘 띈다. 양자점은 기존 연료보다 수십 배 이상 밝고 수백 배 이상 안정적이다.

양자구속

양자점의 크기가 전자의 파동함수 폭과 비슷하면 양자효과의 지배를 받기 시작한다. 그러면 양자점은 단일 분자처럼 작용하고 이에 대응하여 양자점의 에너지 띠의 폭이 넓어지게 된다. 이러한 현상을 양자구속quantum confinement이라고 한다.

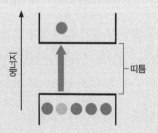

전자가 자유롭게 움직이면 도약해서 더 높은 에너지 준위로 이동할 수 있다. 이런 원리로 양자점은 빛을 발한다.

양자상태 사다리의 평균 에너지 간격과 방출되는 빛의 진동수는 점의 크기에 따라 정해진다. 크기가 큰 점들은 에너지 간격이 더 촘촘하고 빨간색 빛을 낸다. 크기가 작으면 파란색 빛을 발한다. 이러한 특성으로 인해 양자점을 광원, 표지자, 센서로 활용할 가능성이 대두되고 있다.

양자점의 활약

물리학자들은 오랫동안 실리콘에서 빛을 낼 방법을 찾아왔다. 태양광 패널에 사용하는 실리콘은 자외선을 받으면 전도성을 띠면서 전류가 통한다. 그러나 반대로 전류를 흘려 빛을 발하게 하는 과정은 불가능할 것 같았다. 그러던 중 1990년 유럽의 과학자들이 작은 실리콘 조각을 이용해 양자 작용으로 붉은 빛을 내게 하는 데 성공했다.

그 후 수많은 과학자들이 연구에 박차를 가했고, 실리콘으로 초록색과 파란색 빛을 만들어냈다. 특히 파란색 빛은 값어치가 높았는데, 극단적인 실험실 환경이 아니면 만들어내기가 어려웠기 때문이다. 이로써 양자점으로 새로운 종류의 청색 레이저를 만들 가능성이 열렸다.

실리콘 점과 게르마늄 점들로부터 얻은 빛의 범위는 현재 적외선부터 자외선까지 확장되었다. 이들의 광도, 즉 빛세기는 단순히 점의 크기를 바꿈으로써 간단하고 정확하게 조정할 수 있다. 양자점 기술은 발광다이오드(LED)를 제작하는 데에도 활용될 수 있으며, 현재 저전력 광원과 텔레비전 및 컴퓨터 모니터로 활용하는 방안도 연구 중이다. 언젠가는 양자점을 이용해 양자컴퓨터와 양자 암호화 장비의 큐비트를 제작할 수도 있다. 양자점은 낱개의 원자처럼 행동하기 때문에 서로 얽히게 할 수도 있다.

양자점은 위험한 화학물질이나 시약을 검출하는 바이오센서로도 사용할 수 있다. 양자점은 형광 화학 염료보다 수명이 길고 정확한 진동수의 빛을 방출하여 검출하기가 쉽다. 양자점은 또한 광학 기술 분야에서도 광학 컴퓨팅을 위한 고속 스위치와 논리 게이트로, 또는 광섬유를 통한 신호기로도 사용된다.

양자점은 어떻게 제작할까? 대부분의 반도체 장치들은 실리콘 등의 반도체 물질을 큰 판으로 잘라 그 위에 식각하는etching 방식으로 제작한다. 그러나 양자점은 원자와 원자를 결합해 만든다. 아무것도 없는 백지 상태에서 만들어내기 때문에, 제작 과정에서 양자점의 크기와 구조를 정확하게 제어할 수 있다. 양자점은 용액 속에서 결정 형태로 성장시켜 제작할 수 있다. 어느 정도 부피를 유지하도록 제작할 수도 있으며, 용액 안에서 가루나 입자 형태로 마무리한다. 실리콘과 게르마늄뿐만 아니라 카드뮴과 인듐의 합금으로 양자점을 제작하기도 있다.

몇몇 과학자는 몇 개의 양자점을 연결하여 미시 구조와 회로를 만드는 작업을 하고 있다. 이런 네트워크는 대단히 작은 양자 도선으로 연결시킨다. 이때 양자점의 양자상태를 보존하기 위해 도선을 신중하게 제작하여 연결해야 한다. 흔히 도선은 길고 가느다란 유기 분자로 만들며, 양자점의 표면에 화학적으로 결합시킨다. 이런 방식을 응용하면 양자점으로 격자, 기판, 또는 여러 가지 배열의 형태로 만들 수 있다.

1981 알렉세이 아키모프, 양자 크기 효과 발표.
1983 루이스 브루스, 반도체의 양자 크기 효과 발표.
1988 마크 리드, '양자점'이라는 명칭을 사용.
1990 과학자들이 실리콘을 붉게 빛나게 만듦.

47 초전도성 Superconductivity

1911년, 네덜란드의 물리학자 하이케 카메를링 오네스는 과냉각된 금속의 특성을 연구하고 있었다. 그는 헬륨이 액체가 되는 온도인 4.2K까지 냉각시키는 방법을 알아냈는데, 이 온도는 절대영도인 −273℃ 이상에서 낮출 수 있는 가장 낮은 온도다. 오네스는 여러 가지 금속을 액체질소에 담그면서 금속의 전자들이 어떻게 움직이는지를 관찰했다.

수은이 든 시험관을 액체질소에 담그자, 놀랍게도 수은의 전기 저항이 곤두박질쳤다. 일반적으로 수은은 실온에서(약 300K) 액체 상태이며, 4K에서는 고체가 된다. 과냉각 상태가 되자 수은은 완벽한 전도체가 되었다. 전기 저항이 0이 된 것이다. 고체 수은은 '초전도체'다.

납, 니오븀, 로듐 같은 몇몇 금속들도 마찬가지로 초전도성을 갖는다는 사실이 발견되었는데, 실온에서 도선의 재료로 사용되는 구리, 은, 금 같은 금속들은 그렇지 않았다. 납은 7.2K에서 초전도성을 띠었고, 그 외 원소들도 고유의 '임계온도'가 있어 그 이하의 온도에서는 저항이 사라졌다. 초전도체를 통해 흐르는 전류는 속도가 전혀 느려지지 않는다. 과냉각된 납 고리에 흐르는 전류는 에너지를 전혀 잃지 않고 몇 년이고 흐를 수 있다. 반면 실온에서는 전류의 세기가 급속히 약해진다. 초전도체에서는 저항이 극히 낮아서 전류의 세기가 전혀 약해지지 않은 채로 수십억 년이라도 흐를 수 있다. 양자 법칙이 전류가 에너지를 잃는 것을 차단하는 것이다. 전류가 에너지를 잃는 것이 불가능한 상태가 되기 때문이다.

초전도체를 설명하다

초전도성을 완전하게 설명하기까지는 수십 년이 걸렸다. 1957년 미국의 물리학자인 존 바딘, 리언 쿠퍼, 존 슈리퍼는 초전도성에 관한 'BCS 이론'을 발표했다. 이 이론에서는 초전도 물질 안에서 전자의 움직임이 어떻게 이루어지는지 설명하고, 그로 인해 전자들이 하나의 시스템처럼 작용한다는 것과 이 시스템의 작용을 파동방정식으로 서술할 수 있다는 점을 지적했다.

금속의 구조는 양전하를 띠는 이온 격자를 전자가 바다처럼 둘러싼 형태로 되어 있다. 전자는 자유롭게 격자 주위를 움직이면서 전류를 만든다. 그러나 자유롭게 움직이는 동안 전자는 움직임을 방해하는 힘을 극복해야 한다. 실온 상태에서는 원자들이 가만히 있지 않고 전자 주위에서 쉼 없이 움직인다. 따라서 움직이는 전자는 복잡하게 늘어선 이온들을 피해 다녀야 하고, 이온과 충돌하면 산란되기도 한다. 이러한 충돌로 전기적 저항이 만들어진다. 저항은 전류의 흐름을 막고 에너지를 감소시킨다. 과냉각 온도에서는 이온들이 그렇게 많이 움직이지 않는다. 따라서 전자는 충돌 없이 더 멀리까지 여행할 수 있다. 그러나 이 사실 하나만으로는 왜 저항이 서서히 감소하는 것이 아니라 임계온도에서 급격히 0으로 떨어지는지 설명이 되지 않는다.

이 문제를 푸는 실마리는 임계온도가 초전도 물질의 원자질량atomic mass과 비례한다는 사실이다. 초전도 현상은 단순히 전자의 특성만으로는 설명되지 않는다. 왜냐하면 모든 전자가 실질적으로 동일하기 때

자기부상

초전도체 근처에 작은 자석을 가져다 놓으면 마이스너 효과 때문에 밀어내는 힘을 받게 된다. 초전도체는 근본적으로 자기거울$^{magnetic\ mirror}$처럼 작용하면서 표면에 자석을 밀어내는 반대 방향의 장을 생성한다. 이런 효과로 인해 자석은 초전도체의 표면 위로 둥둥 떠다닐 수 있다. 이것이 자기부상$^{magnetic\ levitation}$이다. 자기부상의 원리를 이용해 여러 가지 교통 시스템을 만들 수 있다. 자기부상열차는 초전도체 철로 위에 떠서 문자 그대로 마찰력 없이 날아갈 수 있다.

문이다. 실제로 질량이 조금 더 무거운 동위원소의 경우 원래 원소와 전자의 개수는 동일한데도 임계온도는 약간 더 낮다. 이런 사실로 미루어볼 때 전자만이 아닌 전체 금속 격자를 함께 고려해야 한다. 무거운 이온도 전자와 함께 움직이고 있기 때문이다.

BCS 이론에서는 임계온도에 이르면 전자들이 손을 맞잡고 일종의 춤을 추기 시작한다고 설명한다. 격자의 자체 진동은 전자의 왈츠에 박자를 맞춰준다. 전자들은 느슨한 결합을 이루며(이를 쿠퍼쌍^{Cooper} $_{pair}$이라고 한다) 두 전자의 움직임은 서로에게 묶여 있다.

전자는 페르미온이다. 따라서 파울리의 배타원리에 의해 같은 양자 상태에 놓일 수 없다. 그러나 짝을 이룬 초전도 전자들은 페르미온이라기보다 보손처럼 행동하게 되고 보손과 비슷한 상태에 머문다. 그 결과 전자쌍의 전체 에너지는 낮아진다. 전자쌍의 에너지보다 높은 에너지 띠틈은 버퍼처럼 작용한다. 온도가 매우 낮아지면 전자들은 결합을 풀 수 있을 만한 에너지를 갖지 못한 채 격자를 통과해 밀려간다. 따라서 저항을 유발하는 충돌을 피할 수 있게 된다.

BCS 이론은 전자가 충분한 에너지를 얻어 띠틈을 뛰어넘으면 초전도성이 깨진다고 설명했다. 실제로 띠틈의 너비는 임계온도와 비례한다는 사실이 이미 알려져 있었다.

초전도체는 전기 저항이 0이라는 사실뿐만 아니라 또 다른 기이한 특성이 있다. 초전도체는 내부에 자기장을 가둘 수 없다. 이것이 마이스너 효과로, 1933년 발터 마이스너와 로베르트 옥젠펠트가 발견했다. 일반적인 도체라면 내부에 전류가 흐를 때 자기장이 형성되지만, 초전도체는 표면에 전류가 생성되면서 자기장을 상쇄시켜버린다.

온도 높이기

1960년대에 접어들면서 새로운 유형의 초전도체를 찾기 위한 경주가 시작되었다. 물리학자들은 임계온도가 높아 활용도를 넓힐 수 있는 초전도체를 원했다. 액체헬륨은 만들기도 어렵고 유지도 힘들지만, 77K에서 액화되는 액체질소는 상대적으로 다루기가 쉽고 제작도 간편하다. 물리학자들은 질소가 액화되는 온도 정도에서 초전도성을 띠는 물질을 찾고 있었다. 궁극적으로는 실온에서 작동하는 초전도 물질을 찾는 것이 목표지만, 여기에 이르려면 갈 길이 멀고도 멀다.

니오븀과 티타늄 합금, 니오븀과 주석 합금 같은 초전도 합금들은 원래 원소보다 상대적으로 조금 높은 온도에서 초전도성을 보인다는 사실이 발견되었다(각각 10K와 18K). 이 합금들은 강력한 자석을 만드는 초전도 도선 제작에 쓰인다. 강력 자석은 입자가속기에 사용된다.

이후 영국의 물리학자 브라이언 조지프슨이 내놓은 예측은 새로운 장치의 개발로 이어졌다. 조지프슨은 2개의 초전도체 사이에 얇은 부도체 막을 끼워 샌드위치 구조를 만들고, 이 구조물에 흐르는 전류의 세기를 산출했다. 전자의 에너지는 양자 터널링을 통해 샌드위치 속, 즉 부도체 막(조지프슨 접합이라고 한다)을 뛰어넘을 수 있다. 이 장치는 대단히 민감해서 지구 자기장의 수십억분의 1 정도의 작은 자기장도 측정할 수 있다.

1986년에는 게오르크 베드노르츠와 알렉스 뮐러가 30K에서 초전도성을 보이는 세라믹 유형을 발견하는 개가를 올렸다. 이 세라믹은 바륨, 란타늄, 구리와 산소(큐퍼레이트) 같은 물질의 혼합물이다. 세라믹은 실온에서 부도체로, 송전탑이나 변전소에서 보호용 절연체로 사용하는 물질이기 때문에 이런 결과는 누구도 예상하지 못한 것이었다.

이로부터 1년 후, 란타늄 대신 이트륨을 섞은 세라믹이 90K에서 초전도체가 된다는 사실이 발견되었다. 이 발견으로 인해 액체질소 온도의 한계가 깨지면서 경제적으로 실현 가능한 활용 가능성이 열렸고, 동시에 임계온도가 더 높은 새로운 초전도체 조합에 대한 탐색이 시작되었다. 현재 임계온도는 130K를 넘었지만 실온에서 사용 가능한 초전도체 조합은 아직 발견되지 않았다.

1911 오네스, 초전도성 발견.
1933 마이스너 효과 발견.
1957 BCS 이론이 발표됨.
1986 임계온도 30K에 도달.
1987 액체질소 임계온도가 깨짐.

48 보스-아인슈타인 응축 Bose-Einstein condensates

입자는 양자 스핀이 정수값인지 아니면 반정수값인지에 따라 보손과 페르미온으로 나뉜다. 보손에는 빛알과 각종 힘나르개 그리고 헬륨(양성자 2개와 중성자 2개로 핵이 구성됨) 같은 대칭 원자들이 포함된다. 전자, 양성자, 중성자는 페르미온에 속한다.

파울리의 배타원리에 따르면 두 페르미온은 같은 양자상태로 존재할 수 없다. 반면 보손은 이런 제약이 없다. 1924년, 아인슈타인은 여러 개의 보손이 마치 양자 블랙홀 안에 욱여넣어진 것처럼 하나의 바닥상태에 함께 있을 때 무슨 일이 벌어질지 궁금해졌다. 이런 상황에서 복제 입자들은 어떻게 행동할까?

인도의 물리학자 사티엔드라 나드 보스는 빛알의 양자 통계에 관한 논문을 아인슈타인에게 보냈다. 논문의 중요성을 간파한 아인슈타인은 논문을 번역해 독일에서 다시 발표했다. 그리고 빛알 외의 다른 입자들까지 그 아이디어를 확장해 적용하는 작업에 착수했다. 그 결과 보손의 양자 특성에 대한 통계적 기술이 완성되었다. 보손은 보스의 이름에서 따온 것이다.

보스와 아인슈타인은 보손으로 만들어진 기체를 상상했다. 증기 상태인 원자의 에너지는 기체 온도에 의해 결정되는 원자의 평균 속도 근처로 범위가 정해지는데, 보손도 이와 유사한 원리로 양자상태의 범위가 결정된다. 물리학자들은 이러한 보손의 상태 분포에 관한 수학적 공식을 도출했다. 이를 보스-아인슈타인 통계라고 하며, 모든 보손 그룹에 적용된다.

아인슈타인은 이제 온도가 내려가면 무슨 일이 일어날 것인지 질문을 던졌다. 보손들은 모두 낮은 에너지 상태로 가라앉게 되고, 결국 대부분의 보손은 가장 낮은 에너지 상태로 '응축'될 것이라고 아인슈타인은 생각했다. 이론적으로는 바닥 에너지 상태에 무한대의 보손이 자리 잡을 수 있기 때문에 새로운 형태의 물질을 형성할 수 있다. 이러한 현상을 보스-아인슈타인 응축이라고 부른다. 수많은 원자로 이루어진 응축물은 거시적 규모에서 양자 작용을 보여줄 수 있다.

초유체

실험실에서 보스-아인슈타인 응축 기체를 만들어내는 것은 1990년대에 이르러서야 가능했다. 그 사이 헬륨을 연구하면서 보스-아인슈타인 응축에 대해 더 깊이 이해할 수 있었다. 액체헬륨은 약 4K 정도의 온도에서 응축한다. 표트르 카피차, 존 앨런, 돈 미스너가 1938년 발견한 대로, 헬륨이 냉각된 후 온도를 더 낮춰 2K 정도까지 이르면 대단히 기이하게 행동한다. 과냉각된 수은이 갑자기 초전도성을 띠는 것처럼, 액체헬륨도 저항을 잃고 흐르기 시작한다.

액체헬륨은 점도가 0인 '초유체superfluid' 상태가 된다. 프리츠 런던은 이 기이한 현상이 보스-아인슈타인 응축 때문이라고 설명했다. 온도를 낮추면 헬륨 원자 중 일부가 집단적으로 가장 낮은 에너지 상태로 떨어지게 되는데, 그 상태에서는 충돌의 영향을 받지 않아 점도가 0이 된다는 것이었다. 그러나 기체가 아니라 액체 상태인 초유체 헬륨은 아인슈타인의 방정식과 잘 맞지 않아 런던의 설명을 검증하기에 불충

사티엔드라 나드 보스 (1894~1974)

사티엔드라 나드 보스는 인도 서벵골 주의 콜카타(옛 캘커타)에서 태어났다. 그는 캘커타 대학교에서 수학을 공부했고, 1913년 수석으로 석사학위를 받았다. 1924년에는 플랑크의 양자 복사 법칙을 유도하는 참신한 방법을 소개한 영향력 있는 논문을 발표해, 양자 통계 분야의 문을 열었다. 아인슈타인은 이 논문을 독일어로 번역해 재발표했다. 보스는 유럽에서 드브로이, 마리 퀴리, 아인슈타인과 몇 년 동안 함께 연구했으며, 1926년 벵갈의 다카 대학교로 돌아가 X선 결정학 연구소를 세웠다. 인도가 분할된 후 콜카타로 돌아온 그는 대부분의 시간을 벵골어 홍보에 바쳤다. 보스는 노벨상을 받지 못했다. 언젠가 그에 관한 질문을 받았을 때, 보스는 "내가 받아야 할 인정은 이미 받았다."라고 대답했다.

분했다.

실험실에서 응축 기체 제작에 필요한 기술을 개발하는 데에는 오랜 시간이 걸렸다. 그렇게 많은 입자들을 동일한 양자상태에 놓이게 만든다는 건 쉽지 않은 일이다. 사용되는 입자들은 양자역학적으로 동일해야 하는데, 전체 원자에서 이를 구현하는 것은 대단히 어렵다. 최선의 방법은 묽은 기체 원자를 사용해 극한의 온도까지 냉각시킨 후, 이 기체를 충분히 밀착시켜 원자들의 파동함수가 겹치게 만드는 것이다.

현재는 원자를 자기 덫magnetic trap 안에 가둔 뒤 레이저를 쏘아 수십억분의 1K(나노켈빈[nk])까지 냉각시킬 수 있다. 1995년 콜로라도 대학교의 에릭 코넬과 칼 와이먼은 약 2,000개의 루비듐 원자를 사용해 170nK에서 최초로 보스-아인슈타인 응축을 만드는 데 성공했다.

그로부터 몇 달 후 MIT의 볼프강 케털리가 나트륨 원자를 응축시켰고, 후에 코넬과 와이먼과 함께 노벨상을 공동수상했다. 케털리는 원자의 개수를 100배 늘림으로써 두 응축물 간의 양자 간섭 같은 새로운 현상까지 발견했다.

초냉각의 기이함

현재는 보스-아인슈타인 응축과 초유체의 기이한 특성에 대해 연구할 거리가 많아졌다. 응축물과 초유체를 젓거나 회전시키면 소용돌이가 발생한다. 이 소용돌이의 각운동량은 양자화되어 있으며, 기본 단위의 배수로 나타난다.

응축물이 너무 크게 자라면 불안정해지면서 폭발한다. 따라서 보스-아인슈타인 응축물은 대단히 약하다. 외부 세계와의 아주 가벼운 상호작용이나 약간의 가열에도 금세 파괴될 수 있다. 연구자들은 더 큰 응축물을 만들 수 있도록 원자를 안정화하는 방법을 찾고 있다.

응축물이 이렇게 불안정한 이유 중 하나는 원자 고유의 인력 또는 척력이다. 리튬 원자를 예로 들면, 리튬은 서로를 끌어당기는 경향이 있다. 따라서 리튬 원자로 응축물을 만들 때 어떤 임계 크기에 이르면 순간적으로 무너지면서 원자 대부분이 초신성처럼 일제히 폭발해버린다. 태생적으로 서로를 밀어내는 루비듐-87 같은 동위원소들은 보다 안정적인 응축물을 구성하는 데 사용될 수 있다.

응축물과 초유체는 빛을 느리게 하다가 멈추게 할 수 있다. 1999년 하버드 대학교의 렌 하우는 실험을 통해 레이저 빔이 느려져 꾸물꾸물 기어다니다가 나중에는 완전히 멈추게 했다. 실험 방법은 초냉각된 나트륨 증기를 채운 유리 셀에 레이저를 비춘 것이었다. 응축물은 입사하는 빛알을 자신들이 있는 에너지 상태로 끌어당기려 하고, 이로 인해 결국 빛알이 멈춰버리는 것이다.

하우는 응축물 안에 빛알이 하나도 남지 않을 때까지 레이저의 밝기를 낮췄다. 그러나 빛알의 스핀은 나트륨 원자 안에 각인된 채 남아 있었다. 이렇게 갇힌 양자 정보는 유리 셀에 다른 레이저 빔을 비추면 자유로워진다. 다시 말해 빛에 의해 전송되는 정보를 초냉각된 원자에 저장하고 이후에 회수할 수 있는 것이다. 따라서 보스-아인슈타인 응축을 양자 통신에서 활용할 수 있다.

1924 아인슈타인, 보스-아인슈타인 응축 제시.
1925 파울리의 배타원리가 발표됨.
1938 런던, 액체헬륨의 초유동성을 목격.
1995 최초의 보스-아인슈타인 응축이 실험실에서 제작됨.
1999 하우, 기어가는 빛줄기를 만듦.

49 양자생물학 Quantum biology

파동-입자 이중성, 터널링, 얽힘 같은 양자효과들은 살아 있는 유기체에서 대단히 중요한 역할을 한다. 이런 효과들로 인해 화학반응이 일어나고 세포 사이에 에너지가 전달되며, 철새들이 지구의 자기장을 이용해 방향을 잡을 수 있다.

양자역학은 확률로 결정되는 냉정한 원자 세계를 지배한다. 그러나 이것이 실제 우리가 사는 세상에서 어떤 중요한 의미가 있을까? 다른 한편으로는 양자역학이 식물, 동물, 인체의 개별적인 분자 수준에서도 어느 정도 작동해야 한다. 그러나 세포나 박테리아에서 일어나는 복잡한 작용에서 양자 파동함수가 어느 정도까지 일관성 있게 유지될지 상상하기는 어렵다.

슈뢰딩거는 1944년 출간된 저서 《생명이란 무엇인가?》를 통해 양자생물학을 최초로 논의한 인물 중 하나다. 오늘날 과학자들의 발견을 통해 여러 가지 자연 현상에서 양자역학이 맡은 중요한 역할을 간접적으로 파악할 수 있다. 새들은 지구의 자기장을 감지하고 이를 비행에 활용하기 위해 양자 기술을 적용하고 있을 것이다. 광합성은 유기체가 생명을 유지하기 위한 필수 과정으로 물, 이산화탄소, 태양 빛을 에너지로 변환하는 현상인데, 이 역시 원자 속에서 일어나는 작용에 의한 것이다.

태양 빛이 잎사귀를 때리면, 빛알은 엽록소 분자와 충돌한다. 엽록소는 빛알의 에너지를 흡수한다. 이제 세포 안에서 부지런히 당을 만들고 있는 화학 공장으로 이 에너지를 전달해야 한다. 세포는 효율적으로 에너지를 전달하는 방법을 어떻게 아는 것일까?

빛알의 에너지는 파동의 형태로 식물 세포 전체에 확산된다. 양자전기역학 이론에서 빛알과 물질 사이의 상호작용을 모든 가능한 경로의 조합으로 설명했듯이, 가장 확률이 높은 경로가 결과 경로가 된다. 따라서 잎사귀 세포를 통한 에너지의 전파는 파동의 중첩으로 기술할 수 있다. 마침내 최적화된 경로가 나오면 빛알의 에너지는 세포의 화학반응을 주도하는 중심부로 전달된다.

UC버클리와 다른 대학교의 화학자들로 구성된 연구팀은 최근 이러한 아이디어를 뒷받침할 실험적 증거를 발견했다. 박테리아 안에 있는 광합성 세포에 레이저 펄스를 쏘자 에너지 파동이 세포를 가로질러 흐르는 것이 확인된 것이다. 이 파동은 동시에 움직였고 간섭 효과까지 보이면서 결맞은 파동임이 입증되었다. 이 모든 현상은 일반 실온 환경에서 일어났다.

왜 세포 안의 여러 화학 작용에도 불구하고 이 같은 조직적인 양자 효과가 방해를 받지 않는지는 아직 풀리지 않는 수수께끼다. 화학자인 세스 로이드는 세포 환경 안의 무작위 잡음이 실질적으로 광합성 작용을 돕는다고 제안했다. 세포 안의 복잡한 움직임들이 파동 에너지가 특정 부분에 갇히는 것을 방지하고 부드럽게 흔들어주면서 자유롭게 한다는 것이다.

《생명이란 무엇인가?》

1944년 슈뢰딩거는 일반인을 위한 과학책 《생명이란 무엇인가?》를 출간했다. 책의 내용은 그가 더블린에서 일반인을 대상으로 한 강연을 기초로 생물학에 적용할 수 있는 물리학과 화학 강의를 요약한 것이다. 슈뢰딩거는 유전 정보가 분자 안에 들어 있으며, 분자의 화학결합을 통해 저장되어 있다고 믿었다(당시에는 생식에 대한 유전자와 DNA의 역할이 알려지기 전이다). 이 책은 어떻게 무질서로부터 질서가 나오는지를 설명하는 것으로 시작한다. 생명은 질서정연해야 하기 때문에, 살아 있는 유기체의 유전 정보를 담은 주요 코드는 수많은 원자로 이루어져 길이가 길고 배열이 가능해야 한다. 돌연변이는 양자도약으로부터 발생한다. 이 책은 의식과 자유의지에 대한 사색으로 결말을 맺는다. 슈뢰딩거는 의식이란 몸에 의지하기는 하지만 몸과는 별개의 상태라고 믿었다.

양자 센서

양자효과는 세포 내 다른 반응에서도 중요하게 작용한다. 빛알이 하나의 분자에서 다른 분자로 양자 터널링을 하는 것은 효소에 의한 촉매 반응의 특징이다. 양자역학적 확률이라는 도움의 손길이 더해지지 않으면, 빛알은 넘어야 할 에너지 장벽을 뛰어넘을 수 없을 것이다. 전자 터널링 역시 우리의 후각 너머에 숨어 있는 현상이다. 우리 코의 수용체가 생화학적 진동을 포착하는 방식은 전자 터널링으로 설명한다.

이동하는 철새는 지구의 자기장으로부터 힌트를 얻는다. 빛알이 새의 망막을 때리면 새의 자기 센서가 작동한다. 어떻게 그런 일이 가능한지 정확한 메커니즘은 알려져 있지 않지만, 입사하는 빛알이 한 쌍의 자유라디칼free radical을 생성한다는 것이 하나의 설명이 될 수 있다. 자유라디칼이란 1개의 자유전자를 갖는 분자를 말하는데, 다른 분자와 쉽게 반응할 수 있다. 이렇게 생성된 단독 전자의 양자 스핀이 지구 자기장에 따라 배열될 수 있다.

분자는 전자의 스핀에 따라 다른 분자와 여러 방법으로 반응하면서 지구 자기장의 방향을 따르게 된다. 이 시스템의 상태에 따라 화학물질이 만들어질 수도 만들어지지 않을 수도 있다. 따라서 농축된 화학물질을 통해 새가 지구 자기장의 방향을 알게 된다.

옥스퍼드 대학교의 물리학자 사이먼 벤저민은 자유라디칼에 붙어 있는 단독 전자 2개가 서로 얽힐 수 있는 가능성을 제시했다. 따라서 분자들이 서로 분리되더라도 이들의 양자 스핀 상태는 여전히 얽힌 채로 남아 있게 된다. 과학자들은 이 얽힘이 새의 체내 컴퍼스에서 수십 마이크로초 정도 유지될 수 있고, '따뜻하고 습한' 화학적 시스템에서는 더 오래 유지될 수 있다고 설명했다.

양자역학은 새 외의 다른 동식물이 방향을 인식하는 데에도 도움을 줄 수 있다. 일부 곤충과 식물은 자기장에 민감하다. 예를 들어, 종자식물인 애기장대는 푸른빛을 쬐면 성장이 억제되지만, 자기장을 가하면 이러한 효과에 영향을 미친다. 이는 아마도 라디칼-쌍 메커니즘이 관련이 있는 것으로 보인다.

유기체는 양자 기술을 통해 수많은 이득을 얻는다. 양자 기술은 자연의 무질서한 경향을 극복하면서도 실온에서 작동한다. 물리학의 여러 상황이 극도로 과냉각된 환경에서만 일어난다는 점과는 확연히 다르다.

어떤 양자 기술이 유기체와 어떻게 관련 있는지는 아직 알려지지 않았다. 과학자들은 양자효과가 자연의 선택에 의해 특혜를 받는 것인지 아니면 유기체가 형성되는 조밀한 시스템의 우연한 부산물인지 알지 못한다. 언젠가는 여러 시대를 거쳐 발달해온 해조류 종들의 분자들을 비교하여 시간의 흐름에 대한 진화론적 변화를 추적하는 것도 가능해질 것이다.

유기체 내에서의 양자효과를 더 많이 이해하게 되면 흥미로운 신기술을 창조할 수도 있다. 예컨대 인공 광합성은 근본적인 새 에너지원이 될 수 있을 것이며, 새로운 형태의 고효율 태양전지를 개발할 수도 있을 것이다. 생물학적 시스템이 어떻게 결깨짐 현상을 극복하는지를 이해하면 양자컴퓨터 분야도 더욱 발전할 수 있을 것이다.

1944 슈뢰딩거, 《생명이란 무엇인가?》 출간.
2004 조류 이동에 관한 자유라디칼 모형이 제안됨.
2007 광합성 박테리아 안에서 양자 파동이 관측됨.
2010 실온의 박테리아 안에서 양자 결맞음이 측정됨.
2011 조류 이동을 얽힘으로 설명.

50 양자 의식 Quantum consciousness

자유의지부터 시간 감각까지, 우리의 마음이 작동하는 방식과 양자 이론 사이에는 비슷한 점이 있다. 수많은 물리학자들은 이 둘 사이에 깊은 연관성이 있는 것인지 궁금해했다. 두뇌의 미세한 구조에서 파동함수의 붕괴나 얽힘 같은 양자적 작용이 일어나 인간이 의식을 경험하는 것은 아닐까? 이 문제에 대한 논의가 무르익고 있다.

뇌는 신경세포neuron와 연접synapse이 얽힌 네트워크로, 알려진 시스템 중 가장 복잡한 시스템에 속한다. 그 어떤 컴퓨터도 뇌의 처리 능력을 따를 수 없다. 양자이론으로 뇌의 독특한 성질을 설명할 수 있을까?

뇌와 컴퓨터는 두 가지 주요한 차이점이 있다. 메모리와 처리 속도다. 컴퓨터의 메모리는 뇌보다 훨씬 크다. 하드디스크 용량은 거의 무한대로 커질 수 있다. 그러나 학습 속도로는 뇌가 손쉽게 컴퓨터를 이긴다. 군중 속에서 한 사람을 찾아내는 작업을 수행할 때 인간은 그 어떤 기계보다도 **빠르게** 원하는 사람을 찾을 수 있다.

뇌의 처리 능력은 가장 발달된 컴퓨터 칩보다도 수십만 배 이상 뛰어나다. 그러나 뇌의 신호 전달 속도는 상대적으로 거의 달팽이가 기어가는 수준이다. 디지털 신호와 비교하면 약 100만분의 1 정도로 느리다고 할 수 있다. 이러한 처리 속도와 신호 전달 속도 간의 차이로 인해 뇌는 계층 구조hierarchical structure를 갖는다. 즉 뇌는 수많은 층으로 이루어져 있으며 층들끼리 서로 교신하는 구조다. 컴퓨터는 근본적으로 하나의 층으로 이루어져 있다. 인간 체스 달인과 겨루는 컴퓨터는 수백만 번의 연산을 통해 대응할 수를 계산한다.

의식

뇌의 연산 과정이 어떻게 의식을 형성하는 것일까? 의식이 정확히 무엇인지 정의하기는 어렵다. 그러나 그것이 우리가 삶을 경험하는 방식이다. 우리는 현재에 대한 감각이 있다. 현재를 살아가고 있는 것이다. 그리고 우리는 시간의 경로를 인지한다. 말하자면 과거다. 우리의 뇌는 기억을 저장하고, 그 기억에 의미를 부여하는 패턴을 할당한다. 우리는 미래에 대해 간단한 예측을 할 수 있으며, 이를 바탕으로 결정을 내린다.

양자역학의 개척자인 보어와 슈뢰딩거 그리고 그 밖의 수많은 물리학자들은 뇌를 포함한 생물학적 시스템이 고전물리학으로는 표현할 수 없는 방식으로 작동한다고 생각했다. 양자이론이 발달하면서, 파동함수의 붕괴부터 얽힘까지 의식을 생성할 수 있는 방법들이 몇 가지 제시되었다. 그러나 의식이 정확히 어떻게 작용하는지를 알려면 앞으

인공지능

뇌의 정보 처리 방식을 정량화하려 했던 인물 중에 영국의 수학자 앨런 튜링이 있다. 컴퓨터의 아버지로 불리는 튜링은 1936년에 유명한 논문을 발표했는데, 일련의 규칙, 즉 알고리즘으로 표현되는 연산을 처리하는 기계 제작이 가능함을 입증하는 내용이었다. 그는 뇌를 일종의 컴퓨터로 상상하려 했으며, 어떤 규칙에 의해 뇌가 작동하는지를 연구했다. 튜링이 제안한 인공지능 테스트는 튜링 테스트라고 하는데, 컴퓨터가 내놓는 모든 답을 인간의 답과 구분할 수 없다면 인공지능을 가졌다고 간주할 수 있다는 내용이다.

2011년, 왓슨이라는 이름의 컴퓨터가 인공지능에 거의 근접하다는 평가를 받았다. 미국의 텔레비전 퀴즈쇼 〈제퍼디(Jeopardy!)〉에서 왓슨이 수많은 영어 구어 표현과 비유, 말장난과 농담을 이해하면서 2명의 인간 참가자를 물리치고 우승한 것이다. 왓슨은 인공지능을 연구하는 과학자들에게 관념을 입증한 산 증거가 되었다. 그러나 왓슨의 논리 시스템은 인간의 뇌와는 상당히 다르다.

로도 먼 길을 가야 한다.

데이비드 봄은 우리가 음악을 들을 때 무슨 일이 일어나는지 질문을 던졌다. 음악이 흐르면, 우리는 음악이 진행되는 형태에 대한 기억을 유지하면서 그것을 현재의 감각적 경험, 즉 지금 듣는 음악의 소리, 화음, 감정과 결합시킨다. 현재의 캔버스 위에 그려지는 역사적 패턴의 혼합이 우리의 의식의 경험인 것이다.

봄은 이 일관성 있는 서사가 근본적인 우주의 질서로부터 생겨난다고 주장했다. 빛알이 파동인 동시에 입자이며 우리가 다른 환경에서 각기 다른 모습을 관측하는 것처럼, 영혼과 물질은 더 심오한 질서가 우리의 세상에 투사된 것이다. 이들은 생명의 두 측면이다. 의식과 물질은 서로 상호보완적이지만, 물질을 바라보면 의식에 관한 것은 전혀 알 수 없고, 의식을 통해서도 물질을 알 수 없다.

양자 뇌 상태

1989년, 수학자이자 우주론자인 로저 펜로즈는 《황제의 새 마음 Emperor's New Mind》이라는 저서에서 의식이 발생하는 원리에 대해 가장 논란이 되는 아이디어를 내놓았다. 펜로즈는 튜링의 아이디어를 다시 언급하면서 인간의 뇌는 컴퓨터가 아니라고 주장했다. 게다가 뇌가 작동하는 방식은 기본적으로 다르며 어떤 컴퓨터도 자신이 사용했던 논리를 혼자서 복제할 수 없었다는 것이다.

펜로즈가 이룬 몇 가지 큰 도약이 있는데, 그중에는 의식이 양자 중력에 의한 시공간의 변동과 연결되어 있다는 제안도 있었다. 대부분의 물리학자들은 이 아이디어를 싫어했다. 왜 젤리처럼 부드럽고 촉촉한 뇌에 양자 중력을 적용해야 한단 말인가? 인공지능 연구자들도 펜로즈의 아이디어를 싫어하기는 마찬가지였다. 자신들이 언젠가 강력한 두뇌 시뮬레이터를 제작할 것이라 믿고 있었기 때문이다.

펜로즈는 정확히 어떻게 그리고 어디에서 뇌가 이 양자 중력 효과를 처리하는지는 몰랐다. 그는 이 이론을 확장하기 위해 마취 전문의인 스튜어트 해머로프와 협력했고, 그 내용을 1994년 출간한 저서 《마음의 그림자》에서 설명했다. 의식은 수없이 중첩된 양자상태로 구성되어 있으며, 각각의 상태는 자체적인 시공간의 기하학적 구조를 갖는다는 것이었다. 상태들은 사건들이 전개되면서 붕괴되지만, 순간적으로 모두 붕괴되는 것은 아니다. 이 찰나의 인지가 우리가 느끼는 의식이라는 것이다.

양자 중력은 신경세포보다도 훨씬 작은 규모에서 작용한다. 해머로 프는 이것이 신경세포와 다른 세포들 안에 있는 긴 원통형 고분자 구조인 미세소관microtubule에서 일어날 가능성이 있다고 제시했다. 미세소관은 세포골격을 이루는 구조인 동시에 신경전달물질을 전달하는 역할을 한다.

의식을 촉발하는 현상을 탐사하는 과정에서 보스-아인슈타인 응축, 파동함수 붕괴, 관찰자와 관찰 대상 사이의 상호 접속 등을 연구 대상으로 삼았다. 그리고 양자장이론 역시 두뇌의 상태를 서술하는 수단으로 연구되었다. 기억 상태는 다입자계many-particle system로 기술할 수 있으며, 이는 양자장과 진공 공간에 관련된 입자의 바다 개념과 조금 비슷하다. 양자 터널링이 신경세포의 신호 전달과 관련된 화학반응에 영향을 미칠 가능성도 있다.

그 밖의 물리학자들은 의식의 바탕에 양자적 무작위성이 깔려 있으며, 하나의 정신 상태에서 다른 정신 상태로 연속적으로 이동하게 한다고 주장했다. 그러나 많은 이들이 여전히 회의적인 태도를 보이고 있으며, 뇌에서 양자상태가 잠깐이라도 존재할 수 있을지 의문을 품고 있다. 물리학자 맥스 테그마크는 1999년의 논문에서 결깨짐 효과가 양자상태를 감춰버리는 시간이 두뇌의 신호 처리 특성과 비교할 때 훨씬 더 짧다고 주장했다. 뇌는 양자 장치가 되기에는 너무 크고 뜨겁다. 따라서 어떤 양자이론을 통해 어느 정도까지 의식을 설명할 수 있을지는 여전히 의견이 분분하다.

1936 튜링, 연산 가능성에 관한 논문 발표.
1989 펜로즈, 의식의 양자 중력 아이디어 발표.
1999 테그마크, 결깨짐이 두뇌 안의 양자상태를 불가능하게 한다고 제시.

일상적이지만 절대적인 양자역학지식 50

1판 1쇄 발행 2016년 5월 25일
1판 2쇄 발행 2016년 8월 5일

———

지은이 조앤 베이커
옮긴이 배지은
펴낸이 김동업

———

펴낸곳 반니
주소 서울시 강남구 삼성로 512
전화 02-6004-6881 팩스 02-6004-6951
전자우편 book@banni.kr
출판등록 2006년 12월 18일(제2006-000186호)

———

ISBN 979-11-85435-77-0 03400

———

책값은 뒤표지에 있습니다. 잘못된 책은 구입하신 곳에서 교환해드립니다.

———

이 도서의 국립중앙도서관 출판예정도서목록(CIP)은 서지정보유통지원시스템 홈페이지
(http://seoji.nl.go.kr)와 국가자료공동목록시스템(http://www.nl.go.kr/kolisnet)에서 이용하실 수
있습니다. (CIP제어번호: CIP2016011318)